# 鹽油酸香法則

黃金比例醃漬液，醃・漬・泡・拌・淋⋯

適合常備加菜帶便當80道！

川上 文代

600

# 前言

“Marinade／Marination”是「醃漬」的意思，
「醃漬液」就稱為“Marinade”。
藉由油、鹽、醋、辛香料（spice）等製作出的
「醃漬液Marinade」醃漬食材，
靜置使風味浸入，就能完成美味的醃漬成品。

製作「醃漬菜餚」有其法則，
充分理解醃漬的食材與「醃漬液」的關係，
以及醃漬時間，就能大幅提升風味。
特別是用於「醃漬液」的調味料，
由賦予濃郁的油脂、帶來鹹味的鹽與醬油、
呈現酸味的醋或檸檬、增添香氣的香草或辛香料等所構成，
其中風味的均衡非常重要。

本書當中，以基本份量標示，
濃郁度不足時補足油脂、
想要使料理更添酸味時增添酸度、
也可視個人喜好變化不同的香氣，以香菜取代羅勒等等…。
瞭解基本比例，再配合個人喜好地進行調整，
如此應該就能找出最適合的黃金比例醃漬法則。

在此介紹幾款具有代表性的重點「醃漬液」，
以及適合使用相同醃漬液變化的成品，
請大家務必製作出美味的醃漬菜餚。

川上文代

# 目錄 CONTENTS

# 本書的使用方法

介紹使用醃漬液Marinade，就能作出的Ⓐ主菜和Ⓑ創意料理。
依食譜不同，也有部分僅列出主菜。

STANDARD 01

Ⓐ 酸醃魚貝 醃漬：30分鐘 | 保存：冷藏3天

帶有魚貝類豐富的美味與清爽，
越嚼越能嚐到其中風味的絕妙料理。

（章魚、紅魽魚等白肉魚、蝦、
干貝）…80g
鹽、胡椒…各少許
檸檬（圓切片）…適量
香菜…適量
紫洋蔥和檸檬的醃漬液…全量

製作方法

1 取出蝦背的腸泥，燙煮後去殼。白肉魚去皮。
2 將1和章魚、干貝切成8mm的塊狀。

澆淋醃漬液3、4次，混拌完成。保存後，記得食用前再上下翻動。

❶ 紫洋蔥和檸檬的醃漬液

❷

| 素材 | 材料 | 份量 |
| --- | --- | --- |
| 油脂 | 橄欖油 | 1大匙 |
| 酸味 | 檸檬汁 | 3大匙 |
| 鹹味 | 鹽 | 1/3小匙 |
| 香氣 | 香菜 | 1片 |

其他 紫洋蔥…1/4個、番茄（小）…1個、胡椒…少許

❸

特徵 藉由較高的檸檬汁比例，提高去腥的效果。酸味較重的部分則以添加紫洋蔥等來調味。

製作方法 番茄熱水汆燙去皮去籽，番茄與紫洋蔥都切成8mm的塊狀，香菜粗略分切，混拌所有的材料。

1 STANDARD

Ⓑ

arrange 1 醋拌雜穀米沙拉 醃漬：15分鐘 | 保存：冷藏2天

材料（2人份）

雜穀米（十六穀米）…30g
火腿…30g
四季豆…5根
甜椒（黃）…1/4個
米…70g
鹽、胡椒…各少許
橄欖油…1大匙
香菜…適量
紫洋蔥和檸檬的醃漬液…全量

製作方法

1 火腿、四季豆、甜椒切成5mm的小丁，四季豆用鹽水燙煮，雜穀米和米，用大量熱水煮約18分鐘，煮至硬芯消失後，瀝乾水份。
2 用鹽、胡椒和橄欖油混拌1。
3 將2浸漬至醃漬液中，於食用前添加香菜。

arrange 2 醃漬起司 醃漬：30分鐘 | 保存：冷藏3天

材料（2人份）

各種起司（高達起司Gouda、切達起司Cheddar、馬里博起司Maribo等半硬質起司）…120g
紫洋蔥和檸檬的醃漬液…3/4量

製作方法

1 起司切成厚5mm的直角三角形。
2 將1浸漬在醃漬液中。

❶— 可共同使用於主菜與創意料理的醃漬液Marinade名稱。

❷— 醃漬液Marinade的材料，為了容易瞭解比例，分別以材料來區分。

❸— 介紹以P.10製作出的醃漬效果。

## 本書的計量

- 1大匙＝15ml、1小匙＝5ml。
- 爐火的強弱沒有特別記述時，使用的是中火。
- 在食譜中所標記的所需時間，會因室溫等而產生變化。
- 燙煮食材的水份、鹽，基本上都不包括在材料表內。
- 少量蔬菜以g標示。重量的參考標準請參照下列表格。

蔬菜的重量參考標準

| 蔬菜 | 單位 | 重量 |
| --- | --- | --- |
| 小黃瓜 | 1條 | 約100g |
| 南瓜 | 1個 | 約1200g |
| 白花椰 | 1株 | 約20g |
| 高麗菜 | 1片 | 約50g |
| 牛蒡 | 1根 | 約150g |
| 小松菜 | 1株 | 約40g |
| 甘薯 | 1條 | 約250g |
| 水芹 | 1把 | 約100g |
| 芹菜 | 1株 | 約100g |
| 蘿蔔 | 1根 | 約100g |
| 洋蔥 | 1個 | 約200g |
| 番茄 | 1個 | 約150g |
| 紅蘿蔔 | 1根 | 約200g |
| 甜椒 | 1個 | 約150g |
| 甜菜根 | 1個 | 約300g |
| 綠花椰 | 1株 | 約20g |

# 序章

# 鹽油酸香醃漬的基本

MARINADE BASICS

# 所謂醃漬

WHAT IS MARINADE

究竟“醃漬Marinade”，指的是什麼樣的烹調法呢？
首先，認識醃漬的基本，就是製作美味醃漬菜餚的第一步。

醃漬Marinade，是源自法語的單字「mariner」。是為了保存、調味以及帶出其他效果，用醃漬液醃漬食材的烹調方法。以能搭配食材及效果的醃漬液來製作，就是醃漬的精髓。熟知醃漬液中所含的「油脂」、「酸味」、「鹹味」、「香氣」的作用與特性，以基本比例為基礎再進行調整搭配，就能依照料理的效果、個人喜好以及材料，自由自在地搭配調整醃漬液了。

# 醃漬液的材料

INGREDIENTS FOR MARINADE

醃漬液Marinade的材料，大致可區分成五大要素組成。
若能各別理解其特性，就能配合使用目的地搭配組合了。

**OIL / 油分**

▶P.32

油脂的基本就如同字面上的意思是指油。醃漬因為是西式料理，因此主要使用的是橄欖油。其他的沙拉油、芝麻油等，雖然也會使用這些油類，但常溫下會凝固的油（奶油等）不適合醃漬。油脂可提高保存性、添加濃郁，還會因油脂的種類而增添香氣。

▶P.48

酸味的基本是檸檬汁。其他還有各式各樣的米醋、果醋。除了可提高保存性，增添風味和香氣之外，還具有緊實食材的作用。

**SALT / 鹹味**

▶P.70

鹹味的基本就是鹽，但也可以使用各個不同產地的鹽或味噌、醬油、魚露等特殊的調味料，調配出屬於該地區的獨持風味。可提升保存性、調整風味、緊實食材，還具有去腥的作用。

▶P.82

香草或辛香料、調味蔬菜都是能賦予香氣的材料。除了增添香氣之外，也能消除異味，或增加嚼感等。

**OTHER / 其他**

酒與砂糖也是醃漬液不可或缺的材料，能帶來水份並具有軟化食材的作用。並且，昆布或乾燥番茄等，可以添加大量美味的成分。

# 鹽油酸香醃漬的效果

EFFECT OF MARINADE

除了提高保存性、增添風味和香氣之外，醃漬還具有各種效果。
充分理解成效，更加靈活地運用吧。

## FOR ALL MARINADE RECIPES

### 提高保存性

油、醋、鹽等醃漬液的材料，大多具有提高保存性的作用。

### 調味

醃漬液中所包含的各式調味料，能增添食材的風味。

### 增添香氣

除了香草與辛香料之外，藉由具有香氣的油類、調味蔬菜等來增添風味。

## FOR SOME MARINADE RECIPES

### 賦予濃郁感

賦予濃郁口感的主要材料是油。提升醃漬液與各種風味食材融合為一，更提引出濃郁美味。

### 軟化

砂糖等糖份、鹽麴等發酵食品，具有軟化食材的作用。僅僅是浸漬在醃漬液中，不但可保存，同時也能軟化食材。

### 增添美味

賦予美味的成分是肉類或魚類等蛋白質當中所含的肌苷酸（Inosinic acid）、昆布與乾燥番茄、起司、洋蔥、醬油、味噌等所含的麩胺酸（Glutamic acid）、乾燥香菇等所含的鳥苷酸（guanylic acid）等。不是單一，而是二種以上的組合，更能呈現其美味。

### 添加水份

日式高湯、西式高湯（Bouillon）、葡萄酒或酒類等，添加在醃漬液當中發揮其作用，可以使食材更具潤澤口感，也更便於享用。

### 緊實

醋或檸檬、鹽、醬油、味噌等所含的鹽份與酸的作用，能釋放出肉類或魚類當中多餘的水份，消除腥味的同時又能緊實食材。

### 呈現嚼感

利用添加在醃漬液中的香草或洋蔥片等調味蔬菜，也能為料理帶來不同的口感，增加咀嚼感。

### 去腥

除了香草或辛香料、調味蔬菜之外，增加的酒類，也同樣具有消除腥味的效果。在浸泡至醃漬液前，撒上鹽，或油炸等方法，也同樣可以消除氣味。

# 鹽油酸香醃漬液的比例

MARINADE RECIPES

若能充分瞭解醃漬的效果和醃漬液的基本材料，
就能依個人喜好的材料搭配出特有的風味，完成個人專屬的黃金比例醃漬液。

## 調配食譜配方

一開始就要製作出個人專屬的黃金比例醃漬液比較困難。
首先，從調整本書配方開始嘗試吧。

**☑ 調整風味**

若按照配方製作，感覺「味道略重」「想要味道再酸一點」，那麼就試著調整風味吧。

| 調重風味 | 調淡風味 | 強調酸味、鹹味等 |
| --- | --- | --- |
| 加長醃漬時間／增加醃漬液／食材切成小塊／熬煮水份 | 縮短醃漬時間／減少醃漬液／用日式高湯、西式高湯（Bouillon）、水等稀釋醃漬液 | 食譜中各別標示出具酸味或鹹味材料的用量，試著略略增加分量。 |

**☑ 替換材料**

將橄欖油替換成芝麻油或葡萄籽油；檸檬汁或穀物醋則替換成自己喜歡的醋…等等。油、醋、鹽等有各式各樣的種類，若有自己覺得適合的，想要用用看的，不妨可以嘗試替換部分材料。

## 挑戰個人特製的食譜配方

最初先嘗試以基本比例來製作，之後再漸漸嘗試自己的配方。
參考本書的專欄，搭配材料與期待的效果，隨機應變地試試看。

**☑ 基本配方是油脂1：酸味1而鹽份是1%**

醃漬液的比例，不僅只是材料與效果，也因應時代而改變。過去是以提高保存性為首要考量，喜歡口味「濃郁」者多，所以油脂的比例也比現在高。而最近則是1：1的比例最受到大家喜愛。鹽份也是，過去是以保存性為優先考量，大部分會使用到2%，但現在的鹽份是以直接食用時能感覺美味的1%為基本。
※醃漬以油炸過的食材時，使用無油配方也沒關係。

**☑ 依醃漬液的材料及效果來選擇食材**

搭配醃漬液的材料、效果（參考P.10）來選擇食材。當然，根據想要完成的風味不同，材料也會有所變化。首先嘗試以油脂、酸味、鹹味的基本配方來試試吧。
※關於各種材料，詳細請參考P.32、48、70。

**☑ 添加其他材料和香氣**

以油脂、酸味、鹹味製作的醃漬液中，搭配個人喜好的香草或調味蔬菜、糖份等，添加其他材料進行調味。味道的調整方法，請參考**step 1**的「調整風味」。也可用以下的方法來調整，請大家多方嘗試看看。

| 和緩酸味 | 增加香氣 |
| --- | --- |
| 添加日式高湯、西式高湯（Bouillon）、水等，或增加食材 | 煎烤或油炸材料後添加（材料油脂較多時，可以減少油的比例） |

## 也可嘗試調配異國風味

本書中，除了第1、2章介紹的經典西式醃漬之外，還介紹了日式、中式、異國風以及各國風味的調配醃漬液。試著使用各國特有的材料和調味料製作的醃漬液，應該還能找出新發現。

COLUMN 01

# 完成美味醃漬的 5個重點

## point 1 熟知不適合醃漬的材料

醃漬液的酸味會使葉菜類蔬菜變色，而且葉菜類蔬菜釋出的水份，會稀釋醃漬液，使得風味因而改變。不添加酸味的醃漬液搭配葉菜類蔬菜也是規則之一，無論如何都想要使用時，請在享用前再加入吧。

## point 2 將材料切成相同的大小

作為醃漬食材或醃漬液材料添加的調味蔬菜等，重點就是全部切成相同的大小。這是為了在同樣的醃漬時間內，可以使風味均勻地滲入，沒有落差地美味完成。此外，切成薄片，可以縮短醃漬的時間。

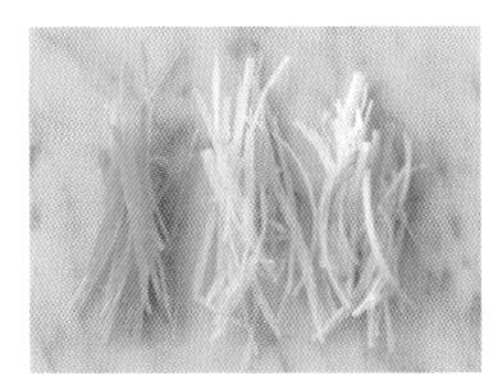

切得越細，醃漬時間就越短。但均衡地保持恰到好處的嚼感也非常重要。

## point 3 醃漬時間和溫度也會影響美味

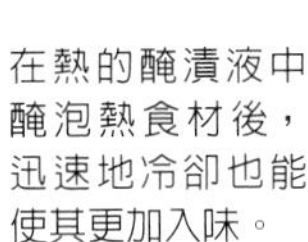

在熱的醃漬液中醃泡熱食材後，迅速地冷卻也能使其更加入味。

醃漬，並不是醃得越久就越美味。醃漬時間較短時，能吃出食材新鮮的口感，醃漬時間越長，則是能品嚐出熟成的風味。反之，長時間醃漬也有可能造成食材乾燥粗糙。醃漬30分鐘～1小時，大致上都能使食材入味，並且味道也不會太過濃重。此外，熱食材醃泡至熱的醃漬液內，水份會迅速被吸收而快速入味，但熱度會使醃漬液中的酸味和香氣揮發，也會造成食材新鮮口感的流失，因此要選擇食材來運用。

## point 4 利用容量合適的容器進行醃漬

醃漬液的酸味較強，因此醃漬容器不適合金屬製品，建議使用玻璃製或琺瑯製的方型淺盤。塑膠製可能會吸收味道，因此不太建議使用。重點是配合醃漬食材與醃漬液選擇容器大小。使用相對於食材過大的容器醃漬時，醃漬液的用量會超出必要量，味道會過於濃重。能使食材不層疊地放置，又能讓食材浸漬到醃漬液的容器，最為適當。

## point 5 利用落蓋般的保鮮膜進行醃漬

醃漬時，在容器上覆蓋保鮮膜可以更快速地完成醃漬。此時保鮮膜並非如蓋子般覆蓋在容器上，而是如落蓋般緊貼在醃漬食材表面，才是使用的重點。浸泡在醃漬液中放入冷藏室保存時，於落蓋般的保鮮膜上方再蓋上容器的蓋子即可。

若能使食材與保鮮膜貼合般地覆蓋，則切成大塊的蔬菜也可以用少量的醃漬液完成。

# 1章

# 經典西式醃漬

橄欖油的清爽醇香
就是關鍵

STANDARD MARINADE

# 經典醃漬，<br>關鍵就在於<br>橄欖油

活用橄欖油爽口的濃郁，
檸檬汁、葡萄酒醋的酸味，以及鹽，
加上運用各式各樣香草類的清爽醃漬液，
在此介紹最經典的醃漬菜餚。
在有空時，花一點點工夫，
何不就從今天開始，為自己的餐桌增添一點新色彩呢？

STANDARD 01

# 酸醃魚貝

醃漬：30分鐘 ｜ 保存：冷藏3天

帶有魚貝類豐富的美味與清爽。
越嚼越能嚐到其中風味的絕妙料理。

材料（4人份）

生魚片用魚貝
（章魚、紅魴魚等白肉魚、蝦、
干貝）‥‥80g
鹽、胡椒‥‥各少許
檸檬（圓切片）‥‥適量
香菜‥‥適量
紫洋蔥和檸檬的醃漬液‥‥全量

製作方法

1 取出蝦背的腸泥，燙煮後去殼。白肉魚去皮。

2 將1和章魚、干貝切成8mm的塊狀。

3 在章魚、干貝和白肉魚上撒鹽和胡椒，迅速地汆燙後撈出，拭乾水份。

4 用醃漬液混拌完成預備處理的魚貝類。在食用前添加檸檬和香菜。

澆淋醃漬液3、4次，混拌完成。保存後，記得食用前再上下翻動。

紫洋蔥和檸檬的醃漬液

| 素材 | 材料 | 份量 |
|---|---|---|
| 油 脂 | 橄欖油 | 1大匙 |
| 酸 味 | 檸檬汁 | 3大匙 |
| 鹹 味 | 鹽 | 1/3小匙 |
| 香 氣 | 香菜 | 1片 |

**其 他** 紫洋蔥…1/4個、番茄（小）…1個、胡椒 …少許

| | |
|---|---|
| 效 果 | 賦予濃郁　去腥　緊實 |
| 特 徵 | 藉由較高的檸檬汁比例，**提高去腥的效果**。酸味較重的部分則以添加紫洋蔥等來調味。 |
| 製 作 方 法 | 番茄熱水汆燙去皮去籽。番茄與紫洋蔥都切成8mm的塊狀。香菜粗略分切。混拌所有的材料。 |

## *arrange 1* 醋拌雜穀米沙拉

醃漬：15分鐘 ｜ 保存：冷藏2天

材料（2人分）

雜穀米（十六穀米）· · · 30g
火腿 · · · 30g
四季豆 · · · 5根
甜椒（黃）· · · 1/4個
米 · · · 70g
鹽、胡椒 · · · 各少許
橄欖油 · · · 1大匙
香菜 · · · 適量
紫洋蔥和檸檬的醃漬液 · · · 全量

製作方法

1. 火腿、四季豆、甜椒切成5mm的小丁。四季豆用鹽水燙煮。雜穀米和米，用大量熱水煮約18分鐘，煮至硬芯消失後，瀝乾水份。
2. 用鹽、胡椒和橄欖油混拌 **1**。
3. 將 **2** 浸漬至醃漬液中。於食用前添加香菜。

## *arrange 2* 醃漬起司

醃漬：30分鐘 ｜ 保存：冷藏3天

材料（2人分）

各種起司（高達起司Gouda、切達起司Cheddar、馬里博起司Maribo等半硬質起司）· · · 120g
紫洋蔥和檸檬的醃漬液 · · · 3/4量

製作方法

1. 起司切成厚5mm的直角三角形。
2. 將 **1** 浸漬在醃漬液中。

STANDARD 02

# 醋醃日本公魚與蔬菜

醃漬：30分鐘 ｜ 保存：冷藏4～5天

**油炸過的日本公魚與蔬菜的美味非常相襯，
是口感絕佳的醃漬菜餚。**

拌炒蔬菜的醃漬液

| 素材 | 材料 | 份量 |
|---|---|---|
| 油 脂 | 橄欖油 | 1大匙 |
| 酸 味 | 白酒醋、檸檬汁 | 各1大匙 |
| 鹹 味 | 鹽 | 少許 |
| 香 氣 | 大蒜（切碎） | 1/2片 |

其 他 A：洋蔥（切絲）…60g、紅蘿蔔（切絲）…30g、芹菜（切絲）…15g
B：白葡萄酒…3大匙、雞高湯粉…1/4小匙、水…3大匙、胡椒…少許
C：小番茄（切成4分）…3個

效 果　賦予濃郁　去腥　添加水份　緊實

特 徵　藉由熬煮白酒醋增添美味，也能增加香氣。同時具有消除魚類等腥味的作用。

製作方法　將油和大蒜放入鍋中加熱，拌炒A。加入B、醋和鹽，煮3分鐘後熄火，加入檸檬汁和C。

材料（4人分）

日本公魚（小）
…20條
牛奶…100ml
鹽、胡椒…各適量
低筋麵粉…2大匙
炸油…適量
拌炒蔬菜的醃漬液
…全量

製作方法

1 日本公魚浸泡在牛奶中約15分鐘去腥，拭去水份後撒上鹽、胡椒、低筋麵粉。

2 用170℃的熱油，酥炸5～6分鐘（至魚骨可食的程度），瀝乾油脂。

3 趁熱放入醃漬液醃漬。

# 醋拌麵包與蔬菜

醃漬：20分鐘 | 保存：冷藏1～2天

材料（2人分）

法式長棍麵包等（3cm塊狀）···16個
大蒜···1瓣
橄欖油···2小匙
紫葉菊苣···2片
小黃瓜···1/3條
薩拉米香腸（Salami）···8片
拌炒蔬菜的醃漬液···全量

製作方法

1 用大蒜磨擦在長棍麵包的表面，塗抹橄欖油後略加烘烤。

2 紫葉菊苣撕成一口大小。用刮皮刀刮去小黃瓜部分表皮，切成5mm寬的斜切片。

3 將 **1**、**2** 和薩拉米香腸放入醃漬液。

# 涼拌北非小麥

醃漬：10分鐘 | 保存：冷藏1～2天

材料（2人分）

北非小麥···100g
甜椒（紅）···1/4個
黑橄欖···6個
薄荷葉（切成5mm的小丁）···1大匙
熱水···80ml
鹽、胡椒···各少許
平葉巴西利···1大匙
拌炒蔬菜的醃漬液···全量

製作方法

1 甜椒、黑橄欖切成5mm的小丁。

2 在缽盆中放入北非小麥和熱水混拌，覆蓋上保鮮膜蒸約10分鐘。加入 **1** 與鹽、胡椒混拌。

3 將 **2** 放入醃漬液中醃漬。食用前再撒上平葉巴西利。

## STANDARD 03 醋漬牛肉薄片 Tagliata

**巴薩米可醋與起司的香氣更能烘托出烤牛肉的美味多汁。與葡萄酒一起享用，就是小小的奢華晚餐。**

醃漬：10分鐘 ｜ 保存：冷藏1～2天

### 巴薩米可油醋的醃漬液

| 素材 | 材料 | 份量 |
|---|---|---|
| 油 脂 | 橄欖油 | 2大匙 |
| 酸 味 | 熬煮至半量的巴薩米可醋 | 2大匙※ |
| 鹹 味 | 鹽 | 少許 |
| 香 氣 | 綜合香草、大蒜（薄片） | 適量、1片 |
| 其 他 | ※4大匙的巴薩米可醋熬煮成2大匙。 | |

**效 果** 賦予濃郁　去腥

**特 徵** 藉由熬煮巴薩米可醋**增添甜味和濃郁，酸味柔和**，可依個人喜好進行調整。

**製作方法** 在鍋中倒入橄欖油加熱大蒜和香草，待上色後熄火。趁熱放入所有的材料混合拌勻。

### 材料（2人分）

- 牛里脊肉 · · · 300g
- 鹽 · · · 1/2小匙
- 胡椒 · · · 少許
- 鼠尾草 · · · 少許
- 奶油 · · · 5g
- 帕瑪森起司 · · · 適量
- 芝麻葉 · · · 適量
- 巴薩米可油醋的醃漬液 · · · 全量

### 製作方法

1. 在牛肉表面撒上鹽、胡椒、鼠尾草。
2. 在平底鍋中加熱奶油，將牛肉兩面煎至焦黃。再放入160℃的烤箱烘烤約10分鐘。
3. 用鋁箔紙包覆**2**，靜置10分鐘後切成薄片，浸泡在醃漬液中。食用前再佐以芝麻葉和帕瑪森起司。

# 烤甜椒醋漬

醃漬：30分鐘 ｜ 保存：冷藏4～5天

材料（2人分）

甜椒（紅、黃）··· 各1/2個
鹽、胡椒 ··· 各少許
橄欖油 ··· 2小匙
紅酒醋 ··· 1大匙
巴薩米可油醋的醃漬液 ··· 全量

製作方法

1 甜椒切成3cm寬，撒上鹽、胡椒、橄欖油，以熱網架烘烤至兩面焦黃。

2 在醃漬液中加入紅酒醋後，浸漬 **1**。

因為添加了紅酒醋，可以更強化酸味，提引出烤甜椒的風味。

# 醋漬牡蠣

醃漬：30分鐘 ｜ 保存：冷藏4～5天

材料（2人分）

牡蠣 ··· 8個
麵粉 ··· 適量
橄欖油 ··· 1大匙
百里香 ··· 1根
月桂葉（小）··· 1片
蠔油 ··· 1小匙
巴薩米可油醋的醃漬液 ··· 半量

製作方法

1 在牡蠣表面撒上麵粉洗去髒污，拭乾水份。

2 在平底鍋中放入橄欖油，加熱百里香、月桂葉，至產生香氣後取出百里香和月桂葉。

3 將牡蠣放入 **2** 當中加熱至牡蠣膨脹後熄火，澆淋上蠔油。

4 趁熱將 **3** 放入醃漬液中。

STANDARD 04

# 胡蘿蔔絲沙拉
## Carottes râpées

醃漬：20分鐘 | 保存：冷藏3天

柳橙的清爽香氣與柔和的甜味，更加誘發食慾。
看得到混夾在紅蘿蔔絲中的水果，是道外觀可愛的菜色。

材料（4人分）

紅蘿蔔···1根
香草（香葉芹chervil等）···適量
柳橙風味醃漬液···全量

製作方法

1 紅蘿蔔去皮切成細絲。撒鹽靜置10分鐘後擰乾水份。

2 將1放入醃漬液中醃漬。食用前添加香草。

柳橙風味的醃漬液

| 素材 | 材料 | 份量 |
| --- | --- | --- |
| 油 脂 | 橄欖油 | 2大匙 |
| 酸 味 | 檸檬汁 | 2大匙 |
| 鹹 味 | 鹽 | 1/3小匙 |
| 香 氣 | — | — |

其 他　A：柳橙皮（磨碎）… 1/4個、柳橙原汁 … 1大匙、胡椒 … 少許
B：柳橙果肉（切成1cm塊狀）… 1個、葡萄乾 … 2小匙

效 果　賦予濃郁　去腥　緊實

特 徵　柳橙皮可以增添清爽的香氣。呈現酸味的檸檬汁則具有緊實食材的效果。

製作方法　在缽盆中放橄欖油、鹽、檸檬汁、A，用攪拌器混拌後，加入B。

arrange 1

# 醋漬豬肉

醃漬：20分鐘 ｜ 保存：冷藏3天

材料（2人分）

豬肩里脊肉（薄片）… 150g
雞高湯粉 … 1/5小匙
水 … 1杯
鹽、胡椒 … 各少許
百里香 … 3根
柳橙風味的醃漬液 … 全量

製作方法

1 豬肉切成3cm的方形塊狀。

2 在鍋中放入雞高湯粉、水、鹽、胡椒煮至沸騰，一片片地放入豬肉片攪拌，熄火3分鐘後，取出豬肉片。

3 將豬肉片和百里香浸漬在醃漬液中。

# 醋漬干貝與蕪菁

醃漬：20分鐘 ｜ 保存：冷藏1～2天

材料（2人分）

干貝 … 80g
蕪菁 … 1個
雞高湯粉 … 1/5小匙
水 … 1杯
鹽、胡椒 … 各少許
柳橙風味的醃漬液 … 全量

製作方法

1 干貝切成5mm厚。蕪菁的莖部切成3cm長。蕪菁去皮切成5mm厚的圓片。

2 在鍋中放入雞高湯粉、水、鹽、胡椒煮至沸騰，放入蕪菁和蕪菁的莖部，煮約2～3分鐘後取出，拭乾水份。將干貝放入同一鍋中，迅速過水半熟就取出，拭乾水份。

3 將蕪菁和蕪菁的莖部、干貝浸漬在醃漬液中。

STANDARD 05

# 西式醋漬竹筴魚

醃漬：30分鐘 ｜ 保存：冷藏2天

**清爽的檸檬與大蒜的香氣更具提味效果。**
**將醃漬用的與食用前才混拌的醃漬液分開。**

生魚的西式醃漬液

| 素材 | 材料 | 份量 |
|---|---|---|
| 油 脂 | 橄欖油 | 2大匙 |
| 酸 味 | 檸檬汁 | 2大匙 |
| 鹹 味 | 鹽 | 1/2小匙 |
| 香 氣 | 大蒜（薄片） | 1片 |

其 他　芹菜（薄片）…30g、胡椒…少許

效 果　賦予濃郁　去腥　緊實

特 徵　大蒜、芹菜、檸檬汁具有消除生魚腥味的效果，也能提高保存性。

製作方法　混拌所有的材料。

材料（4人分）

竹筴魚…2條
生魚的西式醃漬液…全量

製作方法

1 用三片刀法分切竹筴魚，以半量的醃漬液浸漬，置於冷藏室30分鐘使其入味，並消除腥味。

2 至食用前才取出竹筴魚，剝除魚皮，切片。將魚肉浸泡在其餘半量的醃漬液中。

製作方法**1**當中醃漬用的醃漬液，會有釋出的魚腥味，因此捨棄不用。另外，浸泡在醃漬液中可以使魚皮更容易剝除。

# STANDARD 06 油漬鮭魚

醃漬：30分鐘 ｜ 保存：冷藏3天

**橄欖油與蒔蘿的簡單醃漬液。
能凝聚出鮭魚的美味、鮮醇的香氣。**

蒔蘿橄欖油醃漬液

| 素材 | 材料 | 份量 |
|---|---|---|
| 油脂 | 橄欖油 | 4大匙 |
| 酸味 | — | — |
| 鹹味 | — | — |
| 香氣 | 蒔蘿（Dill） | 1枝 |

| | |
|---|---|
| 效果 | 賦予濃郁　去腥 |
| 特徵 | 簡單的醃漬液，所以建議用於想要**活用食材獨特風味**時。 |
| 製作方法 | 蒔蘿切成5mm長段。混拌所有的材料。 |

材料（4人分）

鮭魚（生魚片用）· · · 200g
鹽 · · · 1/2小匙
胡椒 · · · 適量
砂糖 · · · 1/3小匙
蒔蘿橄欖油醃漬液 · · · 全量

製作方法

1 鮭魚斜向片切。將完成混合的鹽、胡椒、砂糖，均勻地撒在鮭魚表面。

2 將 **1** 浸漬到醃漬液中。

鹽、胡椒、砂糖等固體調味料，無法與單純只有油脂的醃漬液混合，所以直接在鮭魚上調味吧。

STANDARD 07

# 醃漬白花椰菜

醃漬：30分鐘 | 保存：冷藏3天

**孜然的香氣完全滲入白花椰菜的醃漬液。**
**可以佐酒，同時也能搭配肉類料理，是非常方便的一道。**

蜂蜜孜然醃漬液

| 素材 | 材料 | 份量 |
|---|---|---|
| 油 脂 | 橄欖油 | 1大匙 |
| 酸 味 | 檸檬汁 | 1大匙 |
| 鹹 味 | 鹽 | 少許 |
| 香 氣 | 孜然籽 | 1/4小匙 |

**其 他** 蜂蜜…1小匙、胡椒…少許

**效 果** 賦予濃郁　去腥

**特 徵** 蜂蜜有其特殊的香氣能增添食材的風味，很適合搭配檸檬，能**呈現濃郁感**。

**製作方法** 用橄欖油拌炒孜然，待孜然略上色後，趁熱與所有的材料混合。

材料（4人分）

白花椰菜···300g
橄欖油···1大匙
咖哩粉···1小匙
白葡萄酒···30ml
鹽···1/4小匙
胡椒···適量
蜂蜜孜然醃漬液···全量

製作方法

1 白花椰菜分成小株，清洗並瀝乾水份。

2 用平底鍋加熱橄欖油，拌炒花椰菜，加入咖哩粉並繼續拌炒。

3 在**2**中加入鹽、白葡萄酒，蓋上鍋蓋蒸煮2～3分鐘，取出白花椰菜拭乾水份。

4 趁熱將**3**浸漬到醃漬液內。

arrange 1

# 涼拌綜合豆類

醃漬：30分鐘 ｜ 保存：冷藏2天

材料（2人分）

水煮綜合豆…120g
芹菜…40g
鮪魚…60g
美乃滋…10g
蜂蜜孜然醃漬液…全量

製作方法

1 芹菜去粗纖維，切成8mm小丁。
2 搗散的鮪魚、綜合豆、芹菜，加上美乃滋混拌。
3 將 2 與醃漬液混合。

arrange 2

# 涼拌生火腿與高麗菜

醃漬：30分鐘 ｜ 保存：冷藏2天

材料（2人分）

生火腿…10g
高麗菜…100g
葡萄乾…1大匙
蜂蜜孜然醃漬液…全量

製作方法

1 高麗菜切成3cm的方形片，放入耐熱容器中，覆蓋保鮮膜，以微波爐（600W）加熱3分鐘。生火腿切成2cm方形。
2 將 1 和葡萄乾與醃漬液混合。

STANDARD 08

# 卡布里沙拉 Caprese

醃漬：15分鐘 | 保存：冷藏1天

**運用番茄與起司的色彩所完成的料理。**
**鮮艷的外觀，為餐桌增色。**

羅勒與鯷魚的醃漬液

| 素材 | 材料 | 份量 |
|---|---|---|
| 油脂 | 橄欖油 | 2大匙 |
| 酸味 | — | — |
| 鹹味 | 鹽 | 少許 |
| 香氣 | 羅勒（切碎）、鯷魚（切碎） | 2片、2片 |

**其他** 胡椒…少許

**效果** 賦予濃郁　去腥

**特徵** 不添加酸味地活用橄欖油、羅勒、鯷魚的香氣，建議用於簡單的食材。

**製作方法** 混合所有的材料。

材料（4人分）

番茄‧‧‧2個
莫札瑞拉起司（mozzarella）‧‧‧2個
羅勒（裝飾用）‧‧‧適量
羅勒與鯷魚的醃漬液‧‧‧全量

製作方法

1 番茄和莫札瑞拉起司切成5mm的圓片。

2 將 1 交替地排放，並浸在醃漬液中，食用前撒上裝飾的羅勒葉。

# STANDARD 09 油醋漬櫛瓜

僅僅浸漬香煎過的櫛瓜。
櫛瓜切成厚片更能提升嚼感。

醃漬：15分鐘 | 保存：冷藏3天

巴薩米可醋的醃漬液

| 素材 | 材料 | 份量 |
|---|---|---|
| 油 脂 | 橄欖油 | 2大匙 |
| 酸 味 | 巴薩米可醋 | 2大匙 |
| 鹹 味 | 鹽 | 1/2小匙 |
| 香 氣 | 綜合義大利香草 | 少許 |

| | |
|---|---|
| 效 果 | 賦予濃郁　去腥　緊實 |
| 特 徵 | 酸味上使用的是巴薩米可醋，也能增添香氣。同時也很適合與橄欖油搭配。 |
| 製作方法 | 混合所有的材料。 |

材料（4人分）

- 櫛瓜・・・1根
- 橄欖油・・・1大匙
- 巴薩米可醋的醃漬液・・・全量

製作方法

1. 櫛瓜切成8mm的圓片。
2. 在平底鍋中加熱橄欖油，香煎櫛瓜的兩面。
3. 將**2**浸漬在醃漬液中。

COLUMN 02

# 油脂
## — About Oil —

提高食物的保存性，賦予其濃郁風味的是油脂。作為醃漬液的基底，是非常重要的成分。一般用於醃漬液以橄欖油為首，還有各式各樣的種類，芝麻油、菜籽油、玉米胚芽油、亞麻仁油、荏胡麻油…等等，略加思考就能舉出超過10種的油品。除此之外，還有葡萄籽油或花生油、棕櫚油等，許多能活化原料特性的油品。除了橄欖油或芝麻油等基本的油脂類外，也請務必一試並找出自己喜歡的種類。

### 橄欖油的特徵

僅標示「橄欖油Olive Oil」，是混入了精製橄欖油的油品。不加熱地享用，爽口風味的醃漬液，可以使用具清新香氣與美味的「初榨橄欖油Virgin Olive Oil」，其中以最高品質的「頂級初榨橄欖油Extra Virgin Olive Oil」最為推薦。

**最相適的食材**　魚貝類

### 芝麻油的特徵

芝麻油，有一般略帶茶色，與近乎無色的「白胡麻油」。想要取其香氣時，可用茶色的芝麻油，而要品嚐清爽優雅時，就是用白胡麻油，大致以此區分即可。

**最相適的料理種類**　日式料理／中式料理

### 葡萄籽油的特徵

以葡萄籽為原料的葡萄籽油，幾乎是無臭無味的，因此無論是什麼食材都能輕易搭配。其重點在於富含多酚與維生素E，請大家務必一試。

**最相適的料理種類**　義式料理／法式料理

### 荏胡麻油的特徵

因富含必須脂肪酸有益健康，所以深受矚目的荏胡麻油。原料是紫蘇科稱為荏胡麻的植物。不耐熱，因此建議使用在不需加熱直接享用時。若是想要使用在必須加熱的料理時，請在食材完成加熱後再添加吧。

**最相適的食材**　魚貝類／蔬菜類

### 亞麻仁油的特徵

以亞麻種籽為原料的油品，特徵是無臭無味。與荏胡麻同樣不耐熱，因此用於不加熱的時候。

**最相適的食材**　魚貝類／蔬菜類

### 醃漬時，不使用奶油

在常溫（24℃）會凝固的油，無法用於醃漬。想要添加奶油風味，建議用於以奶油香煎的時候。

# 2 章

# 獨創西式醃漬

以基本醃漬液的調配比例變化，更能突顯出食材的特徵。

UNIQUE MARINADE

AND

# 略微變化的<br>醃漬液<br>十分多樣化

本章節介紹的是使用略微變化的醃漬液，製作出獨創的菜餚。
話雖如此，首先介紹的“醋漬蔬菜 Pickle”等，
包括許多最經典的料理內容。
醃漬液的基本比例，油＋酸＋鹽＋香氣，
以此減少其中一項，
就能藉此呈現出其他材料的獨特美味。

UNIQUE 01

# 醋漬蔬菜Pickle

醃漬：30分鐘 | 保存：冷藏2～3週

**在透明的瓶中，浸漬白花椰等蔬菜，連視覺都能讓人樂在其中的成品。**

材料（4人分）

| | |
|---|---|
| 小黃瓜・・・1/2根 | 甜椒（黃）・・・1/2個 |
| 紅蘿蔔・・・1/3根 | 小番茄・・・8個 |
| 白花椰菜・・・80g | 醋漬蔬菜液・・・全量 |

製作方法

1 小黃瓜與紅蘿蔔切成4cm長，再切成4等分的長條狀。白花椰菜切分成小株。甜椒切成寬1cm長4cm的大小。

2 將醃漬液放入鍋中加熱，煮至沸騰後加入 **1** 和小番茄。待再次沸騰時，直接放涼進行醃漬。

醋漬蔬菜液

| 素材 | 材料 | 份量 |
|---|---|---|
| 油 脂 | — | — |
| 酸 味 | 醋 | 150ml |
| 鹹 味 | 鹽 | 1/2大匙 |
| 香 氣 | 丁香、百里香、月桂葉 | 各1 |

**其 他** 砂糖…3大匙、水…150ml、黑胡椒…5粒、香菜籽（coriander seeds）…10粒

| | |
|---|---|
| 效 果 | 軟化 |
| 特 徵 | 為避免酸味過強地添加水和砂糖的配方。使用較多的醋更能提高保存性。 |
| 製作方法 | 混合所有的材料。 |

arrange 1

# 鰹魚的蒜香風味醋漬

醃漬：30分鐘 ｜ 保存：冷藏3天

材料（2人分）

炙燒鰹魚片・・・150g
脆蒜片用大蒜（薄片）・・・1瓣
葡萄籽油・・・1大匙
甜椒（切成5mm的小丁）・・・15g
綠橄欖（切成5mm的小丁）・・・2個
醋漬蔬菜液・・・1/5量

製作方法

1. 在平底鍋中放入葡萄籽油和大蒜，以中火加熱，待大蒜呈色後，放入鰹魚煎至兩面金黃。轉為小火，放入醋漬蔬菜液，煮至沸騰。
2. 將**1**的平底鍋熄火，加入甜椒、橄欖浸漬。

# 豬排骨與芥末籽的醋漬

醃漬：30分鐘 ｜ 保存：冷藏3天

材料（2人分）

豬排骨・・・300g
芥末籽醬・・・1小匙
鹽、胡椒・・・各少許
雞高湯粉・・・1小匙
水・・・3杯
醋漬蔬菜液・・・4/5量

製作方法

1. 在醃漬液中添加芥末籽醬。豬肉表面撒上鹽、胡椒。
2. 在鍋中放入雞高湯粉和水，加熱，待沸騰後放入**1**的豬排骨，撈除浮渣，以小火煮約1個半小時至熟透。
3. 取出豬排骨，趁熱放入**1**的醃漬液中浸漬。

UNIQUE 02

# Brandade風味的醃拌鱈魚

醃漬：20分鐘 | 保存：冷藏2天

**鬆軟的鱈魚，非常適合搭配蒜香美乃滋。**
**膏狀的南法風味蒜香美乃滋看起來有Brandade（鹽漬鱈魚馬鈴薯泥）的感覺。**

材料（4人分）

- 鱈魚···4片
- 馬鈴薯···2個
- 大蒜···1瓣
- 牛奶、水···各100ml
- 月桂葉···1片
- 南法風味蒜香美乃滋···全量

製作方法

1. 鱈魚切成3cm寬。馬鈴薯切成1cm厚的半月型。大蒜拍碎。
2. 在鍋中放入牛奶、水、月桂葉和**1**，煮約10分鐘至完全煮熟。
3. 取出鱈魚和馬鈴薯，拭乾水份，趁熱放入南法風味蒜香美乃滋拌勻。擺放上**2**的月桂葉裝飾。

南法風味蒜香美乃滋

| 素材 | 材料 | 份量 |
|---|---|---|
| 油 脂 | 橄欖油 | 2大匙 |
| 酸 味 | 美乃滋 | 2大匙 |
| 鹹 味 | 鹽 | 少許 |
| 香 氣 | 大蒜(磨碎)、蒔蘿(切碎) | 各1 |

其 他　鮮奶油…2大匙、胡椒…少許

| | |
|---|---|
| 效 果 | 賦予濃郁　去腥 |
| 特 徵 | 含有油、酸的美乃滋，與使用鮮奶油的泥狀南法風味蒜香美乃滋。柔和並帶有濃郁風味。 |
| 製作方法 | 混合所有的材料。 |

## 蒜香美乃滋<br>拌甘薯

醃漬：20分鐘 ｜ 保存：冷藏2日

材料（2人分）

甘薯・・・200g
甜豆・・・8根
奶油・・・1大匙
水・・・適量
南法風味蒜香美乃滋・・・半量

製作方法

1 甘薯切成1cm寬，浸泡在水中約1分鐘除去澀味。除去甜豆的粗纖維，兩端切掉用鹽水燙煮。

2 將 **1** 排放在加熱了奶油的平底鍋中，略微香煎兩面。加水並蓋上鍋蓋，用小火蒸煮至食材變軟。

3 取出 **2** 的甘薯和甜豆，拭乾水份後與南法風味蒜香美乃滋拌勻。

## 蒜香美乃滋<br>雞胸與孢子甘藍

醃漬：30分鐘 ｜ 保存：冷藏2日

材料（2人分）

雞胸肉・・・200g
孢子甘藍・・・4個
鹽、胡椒・・・各少許
太白粉・・・1小匙
雞高湯粉・・・1/2小匙
水・・・1杯
白葡萄酒・・・50ml
南法風味蒜香美乃滋・・・2/3量

製作方法

1 雞肉切成3cm的塊狀，撒上鹽、胡椒、太白粉。孢子甘藍對半切開。

2 在鍋中放入雞高湯粉、水、白葡萄酒後加熱，放入 **1** 之後蓋上鍋蓋，以小火燜煮6～7分鐘。

3 取出 **2** 的雞肉和孢子甘藍，拭乾水份以南法風味蒜香美乃滋拌勻。

UNIQUE 03

# 醋漬鯡魚

醃漬：30分鐘 ｜ 保存：冷藏3天

**醋漬可以使生鮮的鯡魚新清爽口！**
**讓人大口地吃下容易攝取不足的魚類。**

醋與調味蔬菜的醃漬液

| 素材 | 材料 | 份量 |
| --- | --- | --- |
| 油脂 | — | — |
| 酸味 | 白酒醋、檸檬（切成圓片） | 120ml、4片 |
| 鹹味 | 鹽 | 1小匙 |
| 香氣 | 月桂葉、百里香等 | 少許 |

其他　水…120ml、洋蔥（切絲）…40g、紅蘿蔔（壓模按壓）、芹菜（切絲）…各30g、蜂蜜…2大匙

效果　賦予濃郁　去腥　軟化

特徵　無油脂有益健康。白酒醋**增添香氣**的效果，還有洋蔥等蔬菜當中的**美味成分麩胺酸**（Glutamic acid）。

製作方法　全部的材料放入鍋中混拌，沸騰後放涼。

材料（4人分）

- 鯡魚…2條
- 鹽…適量
- 水…適量
- 醋與調味蔬菜的醃漬液…全量

製作方法

1. 鯡魚以三片刀法分切後去皮，再斜向對半片切。
2. 用金屬串等刺出孔洞，撒上鹽靜置30分鐘。用水沖洗去鹽份，拭乾水份，浸泡在醃漬液中。

# 醋漬章魚

| 醃漬：30分鐘 | 保存：冷藏3天 |
|---|---|

材料（2人分）

燙煮過的章魚‧‧‧100g
櫻桃蘿蔔（radish）‧‧‧2個
醋與調味蔬菜的醃漬液‧‧‧1/2量

製作方法

**1** 章魚切成塊，櫻桃蘿蔔切成4等分。

**2** 將**1**浸泡在醃漬液中。

# 醋漬薩拉米香腸和杏鮑菇

| 醃漬：30分鐘 | 保存：冷藏3天 |
|---|---|

材料（2人分）

薩拉米香腸（Salami）‧‧‧6片
杏鮑菇（小）‧‧‧1根
醋與調味蔬菜的醃漬液‧‧‧1/2量

製作方法

**1** 杏鮑菇切去底部後，用手縱向撕開成6等分。包覆保鮮膜以微波爐（600W）加熱30秒。

**2** 將**1**的杏鮑菇用薩拉米香腸包捲，浸泡在醃漬液中。

UNIQUE 04

# 油封沙丁魚

醃漬：30分鐘 ｜ 保存：冷藏1週

**浸泡於固定溫度的油脂中，緩緩地煮熟的沙丁魚，**
**沒有魚腥味更濃縮了美味。還有絕佳的口感！**

材料（4人分）

- 沙丁魚···4條
- 鹽、胡椒···各少許
- 生薑（切成薄片）···4片
- 油封魚的醃漬液···全量

製作方法

**1** 除去沙丁魚的頭部與內臟，用水沖洗後拭乾水份。

**2** 在 **1** 的表面撒上鹽、胡椒，放置10分鐘釋出水份。

**3** 在鍋中放入 **2** 和醃漬液，保持75℃地加熱20分鐘，熄火後再靜置10分鐘。食用前再放薑片。

用步驟 **3** 的方法油封confit，若加熱約4小時，就會成為連魚骨都能食用的狀態。

油封魚的醃漬液

| 素材 | 材料 | 份量 |
| --- | --- | --- |
| 油 脂 | 橄欖油 | 300ml |
| 酸 味 | — | — |
| 鹹 味 | 鹽 | 3g |
| 香 氣 | 百里香、月桂葉 | 1枝、1片 |

其 他 黑胡椒…4粒

| | |
| --- | --- |
| 效 果 | 賦予濃郁　去腥 |
| 特 徵 | 浸泡食材，可以是高保存性，因此會使用較多的橄欖油。香草等有助於消除腥臭。 |
| 製作方法 | 混拌所有的材料。 |

## 油封雞翅

醃漬：20分鐘 ｜ 保存：冷藏1週

材料（2人分）

雞翅…8隻
鹽、胡椒…各少許
迷迭香…1根
粉紅胡椒…1小匙
油封魚的醃漬液…全量

製作方法

1 在雞肉表面撒上鹽、胡椒。放入1大匙醃漬液加熱，煎燒至雞肉表面呈金黃色。

2 在鍋中放入 **1** 及其餘的醃漬液、迷迭香、粉紅胡椒，溫度保持在75℃地加熱30分鐘。

## 油封雞胗

醃漬：30分鐘 ｜ 保存：冷藏1週

材料（2人分）

雞胗…150g
鹽、胡椒…各少許
奧勒岡（Oregano）…少許
大蒜（切碎）… 1 小匙
油封魚的醃漬液…半量

製作方法

1 在雞胗表面撒上鹽、胡椒。

2 在鍋中放入醃漬液、奧勒岡、大蒜加熱，待大蒜上色後放入 **1** 約加熱3分鐘。熄火放置30分鐘。

步驟 **2**，加熱時若保持75℃加熱20分鐘，完成時雞胗會是非常柔軟的狀態。

UNIQUE 05

# 香草油拌蘆筍

醃漬：30分鐘 ｜ 保存：冷藏2～3天

**能夠呈現蘆筍鮮綠和雞蛋澄黃的一道美食。
作為肉類料理的配菜也十分方便。**

## 香草葡萄籽油

| 素材 | 材料 | 份量 |
|---|---|---|
| 油 脂 | 葡萄籽油 | 3大匙 |
| 酸 味 | — | — |
| 鹹 味 | 鹽 | 1/4小匙 |
| 香 氣 | 香草（蒔蘿或香葉芹chervil） | 2小匙 |

其 他　胡椒…少許

| | |
|---|---|
| 效 果 | 賦予濃郁 |
| 特 徵 | 葡萄籽油幾乎是無味的，因此能輕易搭配任何食材。 |
| 製作方法 | 混拌所有的材料。 |

材料（2人分）

蘆筍···8根
水煮蛋···1個
香草葡萄籽油···全量

製作方法

1 極薄地削去蘆筍表皮，切除根部老硬部分，用鹽水燙煮後取出，攊涼備用。

2 水煮蛋切成粗粒。

3 將蘆筍和水煮蛋與香草葡萄籽油拌勻。

UNIQUE 06

# 油醋漬蔥段

醃漬：30分鐘 ｜ 保存：冷藏3天

**藉由醋的酸味更加提升烘托出蔥段的甜。
煮汁可作為蔥高湯，活用在製作湯品。**

## 花生油與酸豆的醃漬液

| 素材 | 材料 | 份量 |
|---|---|---|
| 油 脂 | 花生油※ | 1大匙 |
| 酸 味 | 香檳醋（vinegar）※ | 1小匙 |
| 鹹 味 | 芥末籽醬、鹽 | 1/2小匙、少許 |
| 香 氣 | 酸豆 | 2小匙 |

其 他　胡椒…少許

※花生油可用橄欖油，香檳醋可用白酒醋來替換使用。

| | |
|---|---|
| 效 果 | 賦予濃郁　提升嚼感 |
| 特 徵 | 花生油的香氣與香檳醋共同呈現出最佳的風味。 |
| 製作方法 | 混拌所有的材料。 |

材料（4人分）

蔥···2根
雞高湯粉···1小匙
水···300ml
花生油與酸豆的醃漬液···全量

製作方法

1 蔥長度切對半。

2 在平底鍋中放入雞高湯粉、水，煮至沸騰，放入蔥段。

3 蓋上鍋蓋以小火加熱約30分鐘，煮至蔥段柔軟。取出蔥段，瀝乾水份。

4 趁熱放入醃漬液中。

UNIQUE 07

# 醃漬甜菜根

醃漬：20分鐘 ｜ 保存：冷藏3天

**可以嚐到甜菜根的風味，**
**色彩也非常鮮艷的醃漬菜色。**
**適合作為肉類料理的配菜。**

美乃滋與紅椒粉的醃拌醬

| 素材 | 材料 | 份量 |
|---|---|---|
| 油 脂 | 葵花油※ | 1小匙 |
| 酸 味 | 檸檬汁 | 1小匙 |
| 鹹 味 | 鹽 | 少許 |
| 香 氣 | 胡椒 | 少許 |

**其 他** 美乃滋…2大匙、紅椒粉…1/3小匙

※葵花油可以用沙拉油替換。

**效 果** 賦予濃郁　緊實

**特 徵** 葵花籽油是無味的，因此用檸檬汁和胡椒增添香氣。紅椒粉用於上色。

**製作方法** 混拌所有的材料。

材料（4人分）

甜菜根…200g
美乃滋與紅椒粉的醃拌醬…全量

製作方法

1 洗淨甜菜根，水煮至用竹籤可輕鬆刺入，直接放至冷卻。

2 削去甜菜根表皮，切成5mm厚的圓切片。

3 將 **2** 和美乃滋與紅椒粉的醃拌醬一起拌勻。

UNIQUE 08

# 香料醋漬南瓜

## Scapece

醃漬：20分鐘 ｜ 保存：冷藏3天

**鬆軟的南瓜與白色巴薩米可醋的酸味**
**非常相適。核桃的香氣更引人食指大動。**

白色巴薩米可醋漬液

| 素材 | 材料 | 份量 |
|---|---|---|
| 油 脂 | — | — |
| 酸 味 | 白色巴薩米可醋※ | 100ml |
| 鹹 味 | 鹽 | 1/2小匙 |
| 香 氣 | — | — |

**其 他** 砂糖…50g

※白色巴薩米可醋可用白酒醋替換使用。

**效 果** 賦予濃郁　軟化

**特 徵** 白色巴薩米可醋具有果香柔和的風味。砂糖的效果是為了軟化食材。

**製作方法** 混拌所有的材料。

材料（4人分）

南瓜…400g
核桃油※…3大匙
烤核桃…1大匙
白色巴薩米可醋漬液…全量

製作方法

1 南瓜切成寬1cm、長5cm的大小。

2 在平底鍋中加熱核桃油，直接煎炸南瓜，以廚房紙巾瀝去油脂。

3 將 **2** 趁熱放入醃漬液中，撒放核桃。

※核桃油也可用花生油或橄欖油來取代。

COLUMN 03

# 關於酸味
# －柑橘果汁與醋－

醃漬液Marinade中的酸味，是來自檸檬汁等柑橘類果汁或醋。除了能提高食材的保存性之外，也具有消除異味的作用，米醋或果醋可以帶出特有的濃郁與美味。"酸" 的味覺，在健康取向的現今，較過去更受到喜愛，最近醃漬液的酸味比例也有增加的傾向。柑橘果汁，除了一般的檸檬汁、萊姆、柚子等之外，也建議可以使用能增加獨特清爽風味的柳橙或葡萄柚等。米醋或果醋，只要是含有糖類的材料，都能夠製作，種類特別豐富。請嘗試各種不同的產品，並試著找出最喜歡、最適合的種類。

## 關於柑橘果汁

無論什麼食材都能搭配的柑橘果汁，在製作醃漬液時不可或缺。想要更加提升風味時，建議可以直接鮮榨果汁，但想要簡易輕鬆完成時，市售品唾手可得。此外，直接鮮榨時，橫向切開以叉子戳刺扭擠，就能輕鬆地擠出汁液。

## 米醋・穀物醋・果醋的不同

原料與製作方法各有不同的醋，可以大原則地區分為3類。烏醋等是可以嚐出米的美味與甘甜的米醋，特徵是酸味柔和。穀物醋，酸味清晰明顯。果醋會依原料而異，其魅力在於水果香氣及隱約的甜味。

## 葡萄酒醋的特徵

法國的葡萄酒醋，是醃漬液製作時不可或缺的酸味。即使用量少也能感覺到其中豐富的酸味與風味。用於醃漬液時，建議使用無色的白葡萄酒醋。

**最相適的料理種類**　義式料理／法式料理

## 巴薩米可醋的特徵

以「豐富香氣」著稱的義大利酸味代表。特徵就是豐富的香氣和甜味。藉由熬煮可以更增添甜度，適度地柔和酸味，使美味更加濃縮凝聚，因此建議使用於要熬煮醃漬液時。因具獨特的顏色風味，若不想使食材上色時，請選用白色的巴薩米可醋吧。

**最相適的食材**　肉類／魚貝類

## 烏醋的特徵

想要呈現日式、中式風味時，建議使用烏醋。以玄米為原料，特徵是熟成時間較米醋更長，具有獨特的風味。因顏色烏黑，若想要呈現食材鮮艷色澤時，請控制用量吧。

**最相適的食材**　肉類

3章

# 日式與中式的醃漬菜餚

芝麻油和醬油的香氣
更能烘托出食材的美味

JAPANESE & CHINESE MARINADE

# 非常適合醃漬的菜餚！日式與中式配方

“竹筴魚的南蠻漬”或“油淋雞”等，
日式與中式經典菜餚，其實都是醃拌的範圍。
芝麻油、醬油、味噌等，
運用大量能增添香氣與美味的材料，
烘托提引出食材的風味就是特色。
從經典到原創料理，
在此為大家介紹，在日式或中式餐桌上，
再增添新菜色的醃拌菜餚。

JAPANESE 01

# 竹筴魚的南蠻漬

**炸得酥脆的竹筴魚浸泡在大量的醃漬液中。**
**能讓油炸食材呈現出清爽的美味。**

醃漬：30分鐘 | 保存：冷藏5天

材料（4人分）

| | |
|---|---|
| 小竹筴魚・・・200g | 青椒・・・1個 |
| 洋蔥・・・1/2個 | 水・・・適量 |
| 蔥・・・1/4根 | 炸油・・・適量 |
| 紅蘿蔔・・・30g | 低筋麵粉・・・適量 |
| 紅心蘿蔔※・・・30g | 南蠻漬的醃漬液・・・全量 |

※紅心蘿蔔是原產自中國的蘿蔔，若無法取得時用紅甜椒或櫻桃蘿蔔也可以。

製作方法

1. 取出竹筴魚的內臟。
2. 將洋蔥、蔥、紅心蘿蔔、青椒切成4cm長的細絲，用水浸泡10分鐘，待其脆口後拭乾水份。
3. 在**1**表面撒上低筋麵粉，用170℃的油酥炸7～8分鐘，炸至水份消失為止，瀝乾炸油。
4. 竹筴魚趁熱放入醃漬液中，使味道滲入，加入**2**的蔬菜。

南蠻漬的醃漬液

| 素材 | 材料 | 份量 |
| --- | --- | --- |
| 油 脂 | 芝麻油 | 1小匙 |
| 酸 味 | 醋 | 2大匙 |
| 鹹 味 | 醬油 | 2大匙 |
| 香 氣 | 辣椒 | 1根 |

**其 他** 高湯…3大匙、砂糖…1大匙、味醂…1大匙

**效 果** 賦予濃郁 添加水份 軟化

**特 徵** 藉由添加的醬油、高湯，製作出日式醃漬液。高湯具有添加水份的效果，可以膨脹油炸過的竹筴魚。

**製作方法** 混拌所有的材料。

## arrange 1 茄子與蝦米的南蠻漬

醃漬：30分鐘 | 保存：冷藏5天

材料（2人分）

茄子・・・2根
乾蝦米・・・1小匙
水・・・2大匙
南蠻漬的醃漬液・・・半量

製作方法

1 將乾蝦米浸泡在水中1小時還原。

2 茄子沿著茄蒂劃切後取下，縱向對切後放入水中浸泡10分鐘，以除去澀味。拭去水份後排放在烤魚網架上，約烤8分鐘。

3 將 **1** 連同浸泡湯汁一起加入醃漬液中，加熱煮至沸騰。將 **2** 的烤茄子趁熱放入醃漬液，靜置冷卻。

## arrange 2 牛蒡的南蠻漬

醃漬：30分鐘 | 保存：冷藏5天

材料（2人分）

牛蒡・・・100g
研磨過的芝麻・・・1小匙
南蠻漬的醃漬液（辣椒1/3根切成小圓片）・・・半量

製作方法

1 牛蒡用刷子刷洗，刮除表皮。

2 將 **1** 切成5cm長，細的部分切成4等分、粗的部分切成6等分，放入水中浸泡10分鐘，以除去澀味。

3 將 **2** 的牛蒡燙煮約6分鐘，待變軟後拭去水份，浸泡在醃漬液中。食用前撒上磨碎的芝麻。

JAPANESE 02

# 醬漬鮪魚

醃漬：30分鐘 ｜ 保存：冷藏2天

**醬油與山椒香氣引人垂涎的醬漬鮪魚，**
**是能吃下好幾碗飯的驚人美味。**

薑末醃漬醬

| 素材 | 材料 | 份量 |
| --- | --- | --- |
| 油 脂 | — | — |
| 酸 味 | — | — |
| 鹹 味 | 醬油 | 3大匙 |
| 香 氣 | 薑（磨成泥） | 1小匙 |

其 他　味醂…1大匙

效 果　賦予濃郁　去腥

特 徵　味醂藉由加熱揮發酒精，就成為能展現薑泥或**醃漬食材原本風味**的日式醃漬液。

製作方法　味醂用微波爐（600W）加熱1分鐘使酒精揮發，再混拌所有的材料。

材料（4人分）

鮪魚···150g
山椒果實···1/2小匙
薑末醃漬醬···全量

製作方法

**1** 鮪魚切成8mm寬的長條狀。

**2** 將 **1** 浸泡在醃漬液中，撒上山椒果實。

# 鰆魚與蔥花的青海苔漬

醃漬：30分鐘 | 保存：冷藏3天

材料（2人分）

鰆魚・・・2片
鹽・・・少許
蔥・・・1/2根
青海苔・・・2大匙
薑末醃漬醬・・・半量

製作方法

1 鰆魚撒上鹽，放置10分鐘後沖洗拭乾水份。蔥切成4等分的長段。青海苔沖過熱水並瀝乾水份。

2 鰆魚和蔥段表面淋上1小匙的醃漬液，用烤魚網架烘烤約5分鐘，使表面呈金黃色。

3 趁熱將 **1** 的青海苔和 **2** 烤過的鰆魚浸漬到其餘的醃漬液中。

# 薑末漬豬肉與蠶豆

醃漬：30分鐘 | 保存：冷藏3天

材料（2人分）

豬肉片・・・160g
蠶豆・・・10粒
太白粉・・・1大匙
荏胡麻油・・・1小匙
薑末醃漬醬・・・半量

製作方法

1 燙煮蠶豆除去薄膜。

2 豬肉表面撒上太白粉。鍋子煮沸熱水，待沸騰後放入豬肉熄火，靜置3分鐘後取出拭去水份。

3 將 **1**、**2** 與荏胡椒油放入醃漬液中。

有益於防止動脈硬化的荏胡麻油不耐熱，容易氧化，所以在醃漬時才添加。

甜酒漬炸芋頭
豆腐拌雞肉與鴻禧菇

JAPANESE 03

# 甜酒漬炸芋頭

醃漬：30分鐘 ｜ 保存：冷藏3天

甜酒與芋頭的甜味及喉韻各有其美味之處。濃稠的口感也讓人停不下筷子。

加入味噌的甜酒醃漬醬

| 素材 | 材料 | 份量 |
|---|---|---|
| 油 脂 | — | — |
| 酸 味 | — | — |
| 鹹 味 | 味噌、醬油 | 各1小匙 |
| 香 氣 | — | — |

其 他　甜酒…100ml

效 果　賦予濃郁　軟化

特 徵　醬油與味噌含有**豐富的美味成分麩胺酸**(Glutamic acid)。甜酒能軟化食材，使食物易於享用。

製作方法　用甜酒溶解味噌，添加醬油。

材料（4人分）

- 芋頭…4個
- 太白粉…1大匙
- 炸油…適量
- 加入味噌的甜酒醃漬醬…全量

製作方法

1 削除芋頭外皮，切成3cm塊狀。

2 預先水煮至竹籤可刺穿為止，撒上太白粉，用180℃的熱油炸至外層呈金黃色。

3 趁熱將 **2** 放入醃漬醬中。

JAPANESE 04

# 豆腐拌雞肉與鴻禧菇

醃漬：30分鐘 ｜ 保存：冷藏2天

藉由膏狀的醃漬醬，更加凝聚了雞肉與鴻禧菇的美味。豆腐的口感也是品嚐的一大樂趣。

豆腐醃漬醬

| 素材 | 材料 | 份量 |
|---|---|---|
| 油 脂 | — | — |
| 酸 味 | — | — |
| 鹹 味 | 薄鹽醬油 | 2小匙 |
| 香 氣 | 研磨過的芝麻 | 2大匙 |

其 他　木綿豆腐…200g、砂糖…1小匙、高湯…1大匙

效 果　賦予濃郁　軟化

特 徵　加入搗碎的木綿豆腐，製作**膏狀的醃漬醬**。

製作方法　木棉豆腐用廚房紙巾包覆，置於微波爐(600W)加熱3分鐘，瀝乾水份。搗碎豆腐，混拌所有材料。

材料（4人分）

- 雞胸肉（切成1.5mm塊狀）…60g
- 鴻禧菇…60g
- 蒟蒻…60g
- 紅蘿蔔（滾刀塊）…60g
- 太白粉…1小匙
- 高湯…100ml
- 薄鹽醬油…1小匙
- 豆腐醃漬醬…全量

製作方法

1 切除鴻禧菇的底部。蒟蒻用手撕開汆燙。雞肉撒上太白粉。

2 鍋中放高湯、醬油煮至沸騰，放入紅蘿蔔，5分鐘後加入雞肉，再2分鐘放入鴻禧菇和蒟蒻。全體受熱後待其降溫，取出散熱，擦乾。

3 用醃漬醬混拌 **2** 。

# 05 紅白醋膾

醃漬：30分鐘｜保存：冷藏5天

**滲入酸橙（Kabosu）清爽酸味的白蘿蔔與柿乾的甜，搭配得恰如其分的優雅風味。**

材料（4人分）

白蘿蔔···200g
柿乾···1個
松子···2小匙
鹽···少許
添加酸橙的甜醋···全量

製作方法

1 白蘿蔔切成細絲。撒上鹽靜置10分鐘，待蘿蔔軟化後，擰乾水份。柿乾去籽切成細絲。松子用鍋烘烤出香味。

2 將**1**浸漬在添加酸橙的甜醋中。

添加酸橙的甜醋

| 素材 | 材料 | 份量 |
|---|---|---|
| 油脂 | — | — |
| 酸味 | 酸橙汁※ | 3大匙 |
| 鹹味 | 鹽 | 1/4小匙 |
| 香氣 | — | — |

其他　砂糖…1大匙

※若沒有酸橙時，可用柚子、醋橘或檸檬替代。

| | |
|---|---|
| 效果 | 添加水份 |
| 特徵 | 為充分展現酸橙的香氣而沒有添加其他的香味。建議搭配清新爽口的魚類或蔬菜等。 |
| 製作方法 | 混拌所有的材料。 |

*arrange 1*

# 醋蓮藕

醃漬：30分鐘 ｜ 保存：冷藏1週

材料（2人分）

蓮藕···120g
地膚子（Bassia scoparia）（市售品）···1大匙
添加酸橙的甜醋···全量

製作方法

1 蓮藕去皮，切成3mm厚的圓切片。在鍋中燙煮約3分鐘，再拭去水份。

2 將 **1** 和地膚子浸漬在添加酸橙的甜醋中。

*arrange 2*

# 醃茗荷

醃漬：30分鐘 ｜ 保存：冷藏1週

材料（2人分）

茗荷···4根
昆布（切細絲）···少許
添加酸橙的甜醋···半量

製作方法

1 茗荷縱向對切，放入滾水中快速燙煮30秒，拭去水份。

2. 將 **1** 和昆布浸漬在添加酸橙的甜醋中。

花生醬
拌油菜花

柚子胡椒
漬蕪菁

JAPANESE 06

# 花生醬拌油菜花

醃漬：30分鐘 | 保存：冷藏3天

花生馨香、油菜花鮮綠的美麗醃漬菜餚。
也可作為搭配肉類或魚類主食的配菜。

調味花生醬

| 素材 | 材料 | 份量 |
| --- | --- | --- |
| 油 脂 | 花生醬 | 2大匙 |
| 酸 味 | — | — |
| 鹹 味 | 醬油 | 1大匙 |
| 香 氣 | — | — |

其 他　砂糖…1大匙

效 果　賦予濃郁　增添美味

特 徵　花生醬飄散香氣又能賦予濃郁的效果。因為沒有添加酸味，因此搭配葉菜類蔬菜也不會產生顏色的變化。

製作方法　混拌所有的材料。

材料（4人分）

油菜花・・・1把（200g）
鹽・・・少許
水・・・適量
調味花生醬・・・全量

製作方法

1 切下油菜花梗，浸泡在水中1小時使其爽脆。

2 在鍋中煮沸熱水放入 **1** 和鹽，燙煮約2分鐘。

3 用網篩撈出油菜花，擰乾水份攤放使其冷卻。切成4cm長段。

4 將 **3** 與調味花生醬拌勻。

JAPANESE 07

# 柚子胡椒漬蕪菁

醃漬：30分鐘 | 保存：冷藏3天

可以品嚐出柚子胡椒爽口的風味，
非常適合搭配清淡的蕪菁。

柚子胡椒的醃醬

| 素材 | 材料 | 份量 |
| --- | --- | --- |
| 油 脂 | 亞麻仁油※ | 1大匙 |
| 酸 味 | — | — |
| 鹹 味 | 昆布茶 | 1g |
| 香 氣 | 柚子胡椒 | 1小匙 |

其 他　水…1大匙

※若沒有亞麻仁油時，可以沙拉油代用。

效 果　增添美味

特 徵　昆布中含有麩胺酸（Glutamic acid），因此可以提升美味。亞麻仁油不耐熱，建議使用在不需加熱僅醃漬的料理上。

製作方法　用水溶解昆布茶，混拌亞麻仁油和柚子胡椒。

材料（4人分）

蕪菁・・・2個
鹽・・・少許
柚子胡椒的醃醬・・・全量

製作方法

1 蕪菁的莖部切成3cm的長段備用。削除蕪菁表皮，切成12等份的扇形。

2 將 **1** 裝入塑膠袋內，撒上鹽，用手搓揉後靜置30分鐘，待蕪菁軟化後拭乾水份。

3 將 **2** 與柚子胡椒的醃醬拌勻。

## CHINESE 01 棒棒雞

醃漬：20分鐘 ｜ 保存：冷藏2天

白芝麻醬中添加了中式高湯粉，就立刻變身成中式風味。
是一道芝麻香氣令人食慾大增的醃拌菜餚。

材料（4人分）

雞胸肉···300g
鹽、胡椒···少許
酒···1大匙
小黃瓜···50g
甜椒（紅）···30g
中式芝麻醬···全量

製作方法

1 雞肉上撒上鹽、胡椒、酒，包覆保鮮膜後放入微波爐（600W）加熱4分鐘。降溫除去表皮，用手將雞肉撕開成長條。

2 小黃瓜和甜椒切成4cm長的細絲。

3 將 **1** 和 **2** 與中式芝麻醬拌勻。

中式芝麻醬

| 素材 | 材料 | 份量 |
|---|---|---|
| 油脂 | 芝麻油 | 1小匙 |
| 酸味 | 醋 | 2小匙 |
| 鹹味 | 醬油 | 2小匙 |
| 香氣 | 白芝麻醬 | 2大匙 |

**其他** 砂糖…1小匙、中式高湯粉…1/5小匙、熱水…2小匙

**效果** 賦予濃郁　增添美味

**特徵** 芝麻油與白芝麻醬混合能**增強香氣**。醬油與中式高湯粉也能**增添美味**。

**製作方法** 用熱水溶解中式高湯粉，再溶解白芝麻醬，混拌所有的材料。

# 芝麻醬 拌萵苣和榨菜

醃漬：10分鐘 ｜ 保存：冷藏2天

材料（2人分）

萵苣···1/2個
榨菜···15g
蔥（切成粗粒）···1大匙
中式芝麻醬···半量

製作方法

1 萵苣切成4～5cm的塊狀，迅速汆燙後拭去水份。榨菜切成粗粒狀。

2 將榨菜、蔥、萵苣與中式芝麻醬拌勻。

# 芝麻醬 拌鮮蝦與青江菜

醃漬：10分鐘 ｜ 保存：冷藏2天

材料（2人分）

鮮蝦···6尾
青江菜···1株
中式芝麻醬···1/3量

製作方法

1 鮮蝦取出蝦背的腸泥，燙煮後剝除蝦殼。

2 青江菜葉切成4cm的長段，菜梗縱切成8等分塊狀，用鹽水迅速汆燙後拭去水份。

3 將**1**、**2**與中式芝麻醬拌勻。

CHINESE 02

# 涼拌海蜇皮

醃漬：10分鐘 | 保存：冷藏2天

**脆口的海蜇皮與青脆的蔬菜口感，令人樂在其中。**
**清新爽脆的風味，也很適合搭配油脂多的中式主菜。**

中式香味醬汁

| 素材 | 材料 | 份量 |
| --- | --- | --- |
| 油 脂 | 芝麻油 | 1大匙 |
| 酸 味 | — | — |
| 鹹 味 | 鹽、鮮味露 | 1/3小匙、少許 |
| 香 氣 | 茗荷（切碎） | 少許 |

**其 他** 蔥（切碎）…2大匙

**效 果** 賦予濃郁　增添美味

**特 徵** 用鮮味露（Seasoning Sauce）**增添美味**。沒有特殊味道易於搭配。為了能享受薑的香氣與口感，切碎使用。

**製作方法** 將加熱到微微冒煙的芝麻油澆淋在蔥和薑上，趁熱混拌所有的材料。

材料（4人分）

海蜇皮…100g
水芹…50g
水…適量
中式香味醬汁…全量

製作方法

1 洗淨海蜇皮，用80℃的熱水迅速汆燙，待其捲縮後，泡水一天以除去鹽份。

2 水芹切成3cm長段。

3 將拭去水份的海蜇皮和水芹與中式香味醬汁拌勻。

# 香漬番茄

醃漬：10分鐘 | 保存：冷藏2天

材料（2人分）

番茄・・・1個
綠苦瓜・・・1/3根
鹽・・・少許
中式香味醬汁・・・全量

製作方法

1 番茄去蒂，切成2cm的塊狀。綠苦瓜除去籽與囊，切成2mm寬的圓切片，用鹽水迅速汆燙後，拭乾水份。

2 將 **1** 與中式香味醬汁拌勻。

arrange 2

# 香漬牛肉與玉米筍

醃漬：10分鐘 | 保存：冷藏2天

材料（2人分）

牛肉（烤肉用肉片）・・・80g
玉米筍・・・2根
太白粉・・・1小匙
芹菜・・・30g
酒、蠔油、芝麻油・・・各1小匙
中式香味醬汁・・・全量

製作方法

1 牛肉片表面撒上太白粉。芹菜切成2mm寬、玉米筍斜切成4等分。

2 在平底鍋中加熱芝麻油，將牛肉煎烤至呈金黃色，加入芹菜、玉米筍拌炒，倒進酒和蠔油。

3 趁熱將 **2** 與中式香味醬汁拌勻。

CHINESE 03

# 油淋雞

醃漬：10分鐘 ｜ 保存：冷藏3天

**炸得香酥金黃的雞肉，裹上醬油基底的醬汁。
調味蔬菜的香氣襯托出雞肉的美味，是最佳組合。**

材料（4人分）

雞腿肉···1片
醬油、酒···各1小匙
太白粉···2大匙
炸油···適量
香味醬油醬汁···全量

製作方法

1 雞肉切成3cm的塊狀，以醬油、酒醃漬後，撒上太白粉。

2 將 **1** 放入180℃的熱油中炸至金黃酥脆，瀝去油脂。

3 趁熱將香味醬油醬汁淋在 **2** 上。

香味醬油醬汁

| 素材 | 材料 | 份量 |
|---|---|---|
| 油 脂 | 芝麻油 | 1小匙 |
| 酸 味 | 醋 | 1大匙 |
| 鹹 味 | 醬油 | 1大匙 |
| 香 氣 | 薑(切碎) | 1小匙 |

**其他** 蜂蜜、平葉巴西里（切碎）…各2小匙、蔥（切成粗粒）…1大匙

| | |
|---|---|
| 效 果 | 賦予濃郁 增添美味 |
| 特 徵 | 相對於醋，油脂的用量比例較少，更健康。醃漬的食材沒有限定，無論什麼食材都很容易搭配使用。 |
| 製作方法 | 混拌所有的材料。 |

## *arrange 1* 皮蛋豆腐

醃漬：10分鐘 ｜ 保存：冷藏2天

材料（2人分）

嫩豆腐…1/2塊
皮蛋…1個
薩拉米香腸（Salami）…10g
香味醬油醬汁…全量

製作方法

1 豆腐切成3×4cm、厚1cm的長方形，用廚房紙巾包覆，以微波爐（600W）加熱2分鐘，降溫後拭乾水份。

2 皮蛋切成1cm的塊狀，薩拉米香腸切成粗粒。

3 將香味醬油醬汁淋在 **1** 和 **2** 上。

## *arrange 2* 醃炸鯖魚

醃漬：10分鐘 ｜ 保存：冷藏2天

材料（2人分）

鯖魚…半片
彩色迷你番茄…4個
太白粉…2大匙
炸油…適量
香味醬油醬汁…2/3量

製作方法

1 鯖魚切成2cm寬，撒上太白粉煎炸。

2 番茄對半分切。

3 將香味醬油醬汁淋在 **1** 和 **2** 上。

CHINESE 04

# 烏醋拌蕈菇

醃漬：10分鐘 ｜ 保存：冷藏3天

**因辣味而更凸顯酸味的醬汁，與蕈菇非常搭。**
**無論是作為菜餚或搭配肉類都是絕配！**

## 烏醋豆瓣調味醬汁

| 素材 | 材料 | 份量 |
|---|---|---|
| 油 脂 | 荏胡麻油※ | 1小匙 |
| 酸 味 | 烏醋 | 1小匙 |
| 鹹 味 | 醬油、豆瓣醬 | 1小匙、1/2小匙 |
| 香 氣 | 薑（切碎） | 1小匙 |

**其 他** 砂糖⋯1小匙、中式高湯粉⋯1/5小匙、熱水⋯1大匙

※若無荏胡麻油時，可用沙拉油或白胡麻油代替。

**效 果** 賦予濃郁　增添美味

**特 徵** 使用沒有味道的荏胡麻油，以彰顯烏醋和豆瓣醬的風味。酸味太重時可增加熱水或砂糖的比例。

**製作方法** 用熱水溶解中式高湯粉，再混拌所有的材料。

### 材料（4人分）

香菇···4個
舞菇···200g
芝麻油···1大匙
大蒜（切碎）···少許
烏醋豆瓣調味醬汁···全量

### 製作方法

1. 香菇切除底部後切成4等分，舞菇剝散。
2. 在平底鍋中放入芝麻油加熱，拌炒大蒜和 **1**。
3. 趁熱將 **2** 與烏醋豆瓣調味醬汁混拌。

CHINESE 05

# 拌炒茄子與青椒

醃漬：10分鐘 ｜ 保存：冷藏3天

**雖然是味噌風味但又很清爽的中式味噌醬汁，香炒出蔬菜的美味。**

中式味噌醬汁

| 素材 | 材料 | 份量 |
|---|---|---|
| 油脂 | 芝麻油 | 1小匙 |
| 酸味 | — | — |
| 鹹味 | 味噌、醬油 | 1/2大匙、1小匙 |
| 香氣 | — | — |

其他　砂糖…1/2大匙、酒…1小匙、中式高湯粉…1/5小匙、熱水…1大匙

效果　賦予濃郁　添加水份　增添美味

特徵　酒或中式高湯粉為食材**添加水份**。拌入因加熱而流失水份的食材時，更容易入味，是很適合的搭配。

製作方法　酒用微波爐（600W）加熱1分鐘。用熱水溶解中式高湯粉，再混拌所有的材料。

材料（4人分）

茄子、青椒···各2個
水···適量
玄米油···2大匙
蔥（切成粗粒）···2大匙
薑（切碎）···1小匙
中式味噌醬汁···全量

製作方法

1 茄子和青椒切成滾刀塊。茄子沖洗10分鐘以除去澀味。

2 在平底鍋中放入玄米油加熱，將茄子香煎成金黃色，加入蔥、薑、青椒，繼續拌炒。

3 趁 **2** 仍溫熱時拌入中式味噌醬汁。

COLUMN 04

# 鹹味
# —鹽與其他的鹹味—

也存在於海水中的鹽，是人類最古老的調味料。稱為「Marinade」醃漬烹調方法的語源，正是源自法語中的「marin（與海相關的形容詞）」，被認為或許是始於海水浸漬了食材演化而來。醃漬液Marinade的鹽份濃度在1%左右最基本，這是因為與人類血液的鹽份濃度（約0.9%）相近，也是正好能感覺到恰到好處鹹味的濃度。簡單地說是鹽，但其實依產地不同，鹽也有各式各樣不同風味。首先，或許可以使用主要食材產地的鹽來試試。肉類就用取自陸地的岩鹽、魚類則使用取自海水的藻鹽等等，建議可以依此區隔。

## 醬油的特徵

醬油作為日式代表的調味料很合理。藉由醃漬液中使用醬油，更能增加美味。特別是稱為麩胺酸（Glutamic acid）的美味成分，搭配肉類或鰹魚等所含的其他美味成分，更具加乘效果，讓美味倍增。

最相適的料理種類　日式料理／中式料理

## 豆瓣醬的特徵

想要品嚐出中式風味時，最建議使用豆瓣醬，能呈現出美味與濃郁的效果。想要更強調辣味時，可利用加熱釋放出辣度與濃稠，更能顯現香氣。

最相適的料理種類　中式料理

## 魚露的特徵

要完成異國風味，少不了魚露。獨特的香氣與鹹度是特徵。因風味和鹹味較強，最初使用必須略略控制添加量。即使少量也足以呈現效果，建議可作為提味用。

最相適的料理種類　異國風料理

## 要注意食材與其他調味料的鹽份

醃漬Marinade的材料，以鹽調味或因其他目地而添加的調味料中含有鹽等，因為目的是獲得鹹味，因此添加調味料時，要避免鹽份過多或過少，其他食材所含的鹽份等，請以料理整體的鹹度來考量。

## 鹽的種類

鹽大致可分作「粗鹽（天然鹽）」與「精製鹽」2大類。用於醃漬時，請務必使用各產地含礦物質的「粗鹽」試試。

# 4章

# 異國風醃拌菜餚

利用魚露呈現出異國風味的美食

ETHNIC MARINADE

# 能品嚐出
# 異國風味的
# 醃拌菜餚

能品味出獨特風味的異國風醃拌菜餚。
以魚露特有的香氣和風味為基底，
添加上清新爽口的檸檬或萊姆等柑橘類，
與豐富的香草、辛香料。
充滿異國風的料理，不僅能豐富餐桌，
與平常不同的菜色，
也帶來派對餐點的感覺。

ETHNIC 01

# 泰式風味涼拌

醃漬：10分鐘 ｜ 保存：冷藏2天

**帶著明顯辣味，大人口味的料理。**
**混合了肉類、蔬菜、魚貝類各種美味的涼拌。**

材料（4人分）

- 豬絞肉···80g
- 粉絲···100g
- 乾燥木耳···4個
- 小黃瓜···1/2根
- 芹菜···1/3根
- 紫洋蔥···1/4個
- 蝦仁（燙熟）···12尾
- 香菜（裝飾）···適量
- 檸檬和辣椒的異國醃漬液···全量

製作方法

1 豬肉迅速汆燙瀝乾水份。粉絲燙煮2～3分鐘以網篩撈起，瀝乾水份，切成10cm的長段。

2 乾燥木耳用水還原，切除底部再分切成2cm的塊狀。小黃瓜縱向對切，再斜切成寬2mm的片狀。芹菜去粗纖維，斜切成寬2mm的片狀。紫洋蔥切成薄片。

3 除香菜之外的所有材料與異國醃漬液拌勻。食用前再裝飾上香菜。

檸檬和辣椒的異國醃漬液

| 素材 | 材料 | 份量 |
|---|---|---|
| 油 脂 | — | — |
| 酸 味 | 檸檬汁 | 4大匙 |
| 鹹 味 | 魚露 | 2大匙 |
| 香 氣 | — | — |

**其 他** 砂糖…4小匙、紅辣椒（切成圓片）…1根

| | |
|---|---|
| 效 果 | 增添美味　去腥 |
| 特 徵 | 不添加油類地活用魚露的美味。酸味的檸檬汁可以去腥使風味清新。 |
| 製 作 方 法 | 混拌所有的材料。 |

## arrange 1 醃拌厚切洋蔥

醃漬：30分鐘 | 保存：冷藏5天

材料（2人分）

洋蔥・・・1個
酒、水・・・各1大匙
檸檬和辣椒的異國醃漬液・・・1/4量

製作方法

1 洋蔥切成1cm厚的圓片，排放在耐熱容器中。

2 將酒和水倒入**1**當中，用保鮮膜包覆以微波爐（600W）加熱3分鐘。洋蔥翻面，覆蓋保鮮膜再加熱1分鐘。拭乾洋蔥的水份。

3 趁熱將**2**浸漬在異國醃漬液中。

## arrange 2 醃拌牛肉與甜椒

醃漬：20分鐘 | 保存：冷藏3天

材料（2人分）

碎牛肉片・・・100g
甜椒（黃）・・・100g
鮮味露（Seasoning Sauce）・・・1小匙
黑胡椒・・・少許
大蒜・・・1/2片
玄米油・・・1大匙
檸檬和辣椒的異國醃漬液・・・2大匙

製作方法

1 牛肉表面撒上鮮味露和黑胡椒。甜椒切成寬1.5cm、長3cm的大小。大蒜切成薄片。

2 平底鍋中放入玄米油和大蒜加熱，待散發香氣後，加入牛肉打散拌炒，再添加甜椒炒至呈金黃色澤。

3 趁熱將牛肉和甜椒拌入異國醃漬液中。

ETHNIC 02

# 打拋風味拌雞肉 Ka prao

**飽含魚貝類美味成分的醃漬液，**
**能帶出雞肉和蔬菜等食材風味的涼拌菜餚**

醃漬：30分鐘 ｜ 保存：冷藏3天

羅勒與蠔油的異國醃漬液

| 素材 | 材料 | 份量 |
|---|---|---|
| 油 脂 | 芝麻油 | 1/2小匙 |
| 酸 味 | — | — |
| 鹹 味 | A | — |
| 香 氣 | 羅勒葉（切碎） | 1小匙 |

**鹹 味** A：魚露…1大匙、蠔油…1小匙、醬油…1小匙
**其 他** 砂糖…1/2小匙、大蒜（切碎）…1/2小匙

| | |
|---|---|
| 效 果 | 賦予濃郁　增添美味 |
| 特 徵 | 使用3種鹹味調味料，呈現**風味的層次**。其中蠔油具有豐富的貝類**美味成分**。 |
| 製作方法 | 用玄米油（用量外）拌炒大蒜，混拌所有的材料。 |

材料（4人分）

雞腿肉···350g
鹽、胡椒···少許
洋蔥···1/2個
甜椒（紅）···1個
沙拉油···適量
羅勒葉···4片
羅勒與蠔油的異國醃漬液···全量

製作方法

1 雞肉去皮，片切成一口大小，撒上鹽、胡椒。洋蔥和甜椒切成3cm的塊狀。

2 在平底鍋中放入沙拉油加熱，拌炒 **1**。

3 趁熱將 **2** 浸漬在異國醃漬液中。食用前撒上羅勒葉。

arrange 1

# 醃拌鵪鶉蛋和玉米筍

醃漬：30分鐘 ｜ 保存：冷藏4天

材料（2人分）

玉米筍···6根
鵪鶉蛋···8個
羅勒與蠔油的異國醃漬液···1/2量

製作方法

**1** 玉米筍用鹽水燙煮。鵪鶉蛋水煮後去殼。

**2** 將 **1** 浸漬在異國醃漬液中。

arrange 2

# 醃拌烏賊與小松菜

醃漬：10分鐘 ｜ 保存：冷藏2天

材料（2人分）

生烏賊細絲···100g
小松菜···100g
橄欖油···適量
薑（切碎）···1小匙
酒···1大匙
羅勒與蠔油的異國醃漬液···1大匙

製作方法

**1** 小松菜切成4cm長，用鹽水燙煮，擰乾水份。

**2** 在平底鍋中倒入橄欖油和薑末加熱，香煎烏賊。加入酒，繼續拌炒，使酒精揮發。

**3** 趁熱將 **1** 和 **2** 浸漬在異國醃漬液中。

ETHNIC 03

# 涮豬肉片沙拉

醃漬：10分鐘 | 保存：冷藏2天

**柔軟的豬肉搭配爽脆的豆芽菜，充滿樂趣的口感。**
**魚露和醬油的醃漬液，再加上恰到好處提味的辣椒。**

魚露辣椒醬油

| 素材 | 材料 | 份量 |
|---|---|---|
| 油脂 | 沙拉油 | 1大匙 |
| 酸味 | — | — |
| 鹹味 | 魚露 | 1大匙 |
| 香氣 | 大蒜（切碎） | 1/2小匙 |

**其他** 乾蝦米…1/2大匙、辣椒…1/2小匙、砂糖…1/2小匙、洋蔥（切碎）…1大匙

**效果** 賦予濃郁　增添美味

**特徵** 不添加酸味地彰顯魚露與大蒜的風味。藉由乾蝦米和洋蔥，增添魚貝與蔬菜的美味成分。

**製作方法** 乾蝦米泡水還原、以沙拉油炒香大蒜和洋蔥，加入所有材料拌炒，冷卻。

材料（4人分）

豬肉（薄片）···200g
韮菜···1/2把
豆芽菜···250g
醬油···1/2大匙
魚露辣椒醬油···全量

製作方法

1 豬肉和韮菜切成4cm長。豬肉、豆芽菜、韮菜用鹽水汆燙，瀝乾水份。

2 在魚露辣椒醬油中再加入醬油，與 **1** 拌勻。

醃漬大型食材時，醃漬液會再添加調味料。
視醃漬食材及個人喜好地選擇添加的調味料吧。

*arrange 1*

## 拌油豆腐與青江菜

| 醃漬：10分鐘 | 保存：冷藏2天 |
| --- | --- |

材料（2人分）

- 油豆腐・・・150g
- 青江菜・・・1株
- 芝麻油・・・1小匙
- 甜麵醬（市售品）・・・1小匙
- 魚露辣椒醬油・・・全量

製作方法

1. 油豆腐切成厚1cm、長寬3cm的塊狀，在平底鍋加熱芝麻油，煎至焦黃。
2. 青江菜切成4cm長，用鹽水燙煮後瀝乾水份。
3. 在魚露辣椒醬油中加入甜麵醬混拌，趁熱淋在**1**和**2**上拌勻。

## 醬拌蒸蔬菜

| 醃漬：30分鐘 | 保存：冷藏2天 |
| --- | --- |

材料（2人分）

- 紅蘿蔔・・・80g
- 水煮過的竹筍・・・80g
- 綠花椰菜・・・60g
- 馬鈴薯・・・1個
- 蠔油・・・1小匙
- 魚露辣椒醬油・・・全量

製作方法

1. 紅蘿蔔斜切成1cm寬、竹筍縱切成梳子形、綠花椰菜分切成小株。馬鈴薯切成1cm的圓切片，用水洗淨。
2. 將**1**的紅蘿蔔放入蒸籠蒸。5分鐘後加入馬鈴薯，再5分鐘後放進綠花椰菜，再蒸5分鐘。
3. 在魚露辣椒醬油中加入蠔油，趁熱加入所有的材料拌勻。

鮮蝦香菜

小黃瓜
涼拌優格

ETHNIC 04

# 鮮蝦香菜

醃漬：10分鐘 | 保存：冷藏2天

**萊姆的清爽香氣混合了香菜的獨特風味。**
**鮮蝦和紫洋蔥的搭配非常鮮艷漂亮。**

萊姆與紫洋蔥的異國醃漬液

| 素材 | 材料 | 份量 |
|---|---|---|
| 油 脂 | — | — |
| 酸 味 | 萊姆汁 | 2大匙 |
| 鹹 味 | 魚露 | 1小匙 |
| 香 氣 | 香菜根、莖 | 1株 |

其 他 紫洋蔥（切成粗粒）…1大匙、
薑（切碎）…1小匙、
青辣椒或紅辣椒（切成粗粒）…2根

效 果 賦予濃郁 增添美味

特 徵 相對於魚露，萊姆汁用量較多，酸味明顯。香菜使用根和莖，能提高營養價值。

製作方法 輕拍香菜根、莖。混拌所有的材料。

材料（4人分）

燙煮過的鮮蝦･･･200g
香菜葉（切成粗末）･･･1株
萊姆與紫洋蔥的異國醃漬液･･･全量

製作方法

1 鮮蝦浸漬在異國醃漬液中，食用前再撒上香菜葉。

ETHNIC 05

# 小黃瓜涼拌優格

醃漬：30分鐘 | 保存：冷藏2天

**泥狀的孜然優格醃醬和具脆度的小黃瓜，**
**非常適合搭配肉類料理的醃拌菜餚。**

孜然優格醃醬

| 素材 | 材料 | 份量 |
|---|---|---|
| 油 脂 | 玄米油 | 1大匙 |
| 酸 味 | — | — |
| 鹹 味 | 鹽 | 1/3小匙 |
| 香 氣 | 孜然 | 1/2小匙 |

其 他 優格…250g

效 果 賦予濃郁

特 徵 活用優格的酸味，而不添加醋。

製作方法 優格置於冷藏室半天以瀝乾水份※。用玄米油炒香孜然後放涼，混拌所有的材料。

※網篩上裝好咖啡濾紙，擺放在接水的缽盆上。在濾紙內放入優格，靜置。

材料（4人分）

小黃瓜･･･2根
鹽･･･少許
孜然優格醃醬･･･全量

製作方法

1 小黃瓜去皮，切成寬5mm的圓片狀，撒上鹽。10分鐘後洗淨並拭乾水份。

2 將孜然優格醃醬與**1**混拌。

COLUMN 05

# 香味
# —香草—

香草或辛香料，除了可以為醃漬添香之外，也能消除食材的腥味並增添深度與香氣。待能自由隨心地使用香草時，就是料理的高手了，但初學者若不小心添加過度，反而容易喧賓奪主，嚐不出食材的原味。首先，基本用的香草少量逐次地添加，並記住自己喜歡的配方。基本經典組合，用於魚類，包括氣味清新爽朗的檸檬草（Lemon grass）、蒔蘿；用於肉類，則是具深層香氣的百里香、迷迭香等。不僅配合食材，搭配料理種類挑選，也非常重要。在此，介紹部分用於本書的代表性香草。

### 蒔蘿

特徵是有著纖細的葉片，也是醃漬慣用的香草。不僅葉片，種籽乾燥後的蒔蘿籽也可作為辛香料使用。

**最相適的食材**　魚類（特別是鮭魚、鯡魚等）

### 百里香

具有溫和高雅的清香。常用在魚類而廣為人知。也用於法式清高湯或法式燉湯等湯品的添香。

**最相適的食材**　魚貝類

### 月桂葉

不僅能消除氣味，又能提引出食材本身的美味，是味道豐富的香草。具有清新優雅的香氣。

**最相適的食材**　肉類

### 羅勒葉

是最適合搭配番茄和起司的香草，因其清爽的香氣而深受喜愛。也可以用同是紫蘇科的青紫蘇來替代。

**最相適的料理種類**　義式料理／地中海料理

### 香菜

又被稱為芫荽，特徵是它獨特的香氣。種籽是辛香料中大家所熟悉的香菜籽（Coriander Seeds）。

**最相適的料理種類**　異國風味料理／泰式料理

### 孜然籽

具有強烈獨特的香氣，帶著隱約的甘甜、辛辣是其特徵。是咖哩粉或辣椒粉必定會使用的香料。使用粉末時，基本上可在食用前再添加。

**最相適的料理種類**　印度料理／法式料理

5 章

# 特製&水果醃拌料理

為了特別的日子而作
奢華的醃拌菜餚

SPECIAL & FRUITS MARINADE

# 醃漬製作出的特色菜餚

用醃漬進行預備作業，再多下點工夫製作出的豐盛饗宴。
這裡介紹紀念日或派對時的推薦料理。

材料（4人分）

- 牛肩里脊肉···600g
- 半釉汁（demi-glace sauce多明格拉斯醬汁）···150g
- 水···1杯
- 蘑菇···4個
- 培根···20g
- 奶油···適量
- 平葉巴西里（切碎）···少許

醃漬液

- 紅葡萄酒···300ml
- 大蒜···1瓣
- 洋蔥···100g
- 紅蘿蔔···50g
- 芹菜···20g
- 番茄···1個
- 百里香···1根
- 月桂葉···1片

製作方法

1. 拍碎大蒜。洋蔥、紅蘿蔔、芹菜、番茄切成1cm小丁。放入缽盆中，加進百里香、月桂葉，倒入紅葡萄酒，製作醃漬液。
2. 牛肉切成3～4cm的塊狀，浸漬在**1**當中，緊貼上保鮮膜（請參照P.14），置於冷藏室半天。
3. 用網篩取出**2**，分開材料和水份，肉與蔬菜放進加了油脂的平底鍋中，煎烤至呈金黃色澤。水份加熱至沸騰後，用廚房紙巾過濾，除去浮渣。
4. 在鍋中放入煎好的**3**和水份，蓋上鍋蓋燉煮約2小時。再加入半釉汁，熬煮約30分鐘至恰到好處的濃度。
5. 切成6等分的蘑菇和切成寬5mm的培根，用奶油香煎。
6. 將**4**盛盤，佐以**5**，撒上平葉巴西里碎。

紅酒中添加了蔬菜和香草的醃漬液來醃漬牛肉，可以軟化肉質，也可以更容易入味。

SPECIAL 01

# 紅酒香草醃漬的燉牛肉

醃漬(預備作業)：半天 | 保存：冷藏4天

奢華地使用紅酒的特殊菜餚。
牛肉吃進嘴裡，柔軟得入口即化。

SPECIAL 02

# 紙包檸檬雞肉

醃漬(預備作業)：60分鐘 | 保存：冷藏3天

耐熱紙包打開時，就散發出薑黃和檸檬香氣。
藉由醃漬，使完成時的雞肉鬆軟可口。

材料(4人份)

帶骨雞肉塊‥‥250g
鹽、胡椒‥‥各少許
綠橄欖‥‥6個
耐熱紙※ 35cm正方X2張

醃漬液
檸檬‥‥1/2個
橄欖油‥‥1大匙
洋蔥（切碎）‥‥1/4個
大蒜（切碎）‥‥1/4小匙
薑（切碎）‥‥1/2小時
薑黃‥‥1/2小匙
鹽、胡椒‥‥適量

※可以耐熱至230℃的烤盤紙，若沒有也可用鋁箔紙替代。

製作方法

1 雞肉表面撒上鹽、胡椒。

2 用加熱了橄欖油的平底鍋，將雞肉表面煎成金黃色澤。

3 在 2 的平底鍋中加入洋蔥、大蒜、薑拌炒，揮發水份。移至缽盆中，加入切成半月型的檸檬薄片、薑黃、鹽、胡椒，製作醃漬液。

4 將醃漬液、雞肉、橄欖均等分成半量，各以耐熱紙包覆，擰成包巾狀縛緊開口。放置醃漬1小時。

5 將 4 放入160℃的烤箱烘烤約20分鐘。

SPECIAL 03

# 石狗公魚與金針菇的低溫真空烹調

醃漬(預備作業):15分鐘 | 保存:冷藏2天

使用密封袋,挑戰低溫真空烹調。
添加日本酒,立刻就成了清淡的日式風味。

材料(4人份)

- 石狗公魚 ··· 1條
- 金針菇 ··· 1/2包
- 鹽 ··· 少許
- 綜合海藻 ··· 2/3小匙
- 密封袋(夾鏈袋)··· 2個

醃漬液

- 酒 ··· 2小匙
- 薄鹽醬油 ··· 2小匙

製作方法

1 酒、薄鹽醬油,分成半量各別裝入密封袋內,製作醃漬液。

2 石狗公魚使用三片刀法分切,表面撒上鹽,10分鐘後拭去水份。綜合海藻泡水5分鐘還原,瀝乾水份。金針菇切除底部後剝散。

3 將 2 放入 1 的密封袋內醃漬,排出空氣地密封袋口。

4 將 2 放入煮至70℃的熱水中,煮約15分鐘使其受熱。

※低溫真空烹調是結合了低溫和真空的烹調方法。低溫烹調是種較隔水加熱更低溫的烹調方法。真空烹調則是將預備處理好的食材,放入可密封的袋子等,使其保持真空狀態下進行烹調的方式。

SPECIAL 04

# 醃漬製作的西班牙冷湯Gazpacho

醃漬(預備作業)：半天 ｜ 保存：冷藏4天

**西班牙料理當中最有名的冷製湯品Gazpacho。**
**在以攪拌機攪打前，食材先進行醃漬，可以使成品更柔和滑順。**

材料(4人份)

小黃瓜（削去外皮）···1/2條
番茄···250g
甜椒（紅）···50g
洋蔥···30g
大蒜···1/4瓣
酸豆···30g
鳳梨···30g
鹽、胡椒···少許
冷水···約100ml

醃漬液
橄欖油···2大匙
紅酒醋···1小匙
番茄糊···1小匙
鹽、胡椒···少許

製作方法

1 橄欖油、紅酒醋、番茄糊、鹽、胡椒放入缽盆中，充分混拌，製作醃漬液。

2 材料中各取適量，切成3mm的小丁，之後可撒在冷湯表面裝飾並增加口感。

3 小黃瓜、番茄、甜椒、洋蔥、大蒜、酸豆、鳳梨切成粗粒。

4 將**3**放入**1**當中，包覆保鮮膜，置於冷藏室醃漬半天。

5 將**4**放入攪拌機中加入冷水攪打至滑順，加入鹽、胡椒調味。享用前加入**2**。

冷水的用量請視番茄的水份含量進行調整。

# SPECIAL 05 網烤羔羊

醃漬(預備作業):60分鐘 | 保存:冷藏2天

**藉由醃漬,除去羔羊特有的氣味,更加凝聚美味。**
**非常適合搭配葡萄酒,推薦用於豪華晚餐時。**

材料(4人分)

- 羔羊小排···4支
- 大蒜···1瓣
- 馬鈴薯···2個
- 鹽、胡椒···適量
- 奶油···15g

醃漬液

- 橄欖油···2大匙
- 百里香、鼠尾草···適量

製作方法

1. 混拌橄欖油、百里香、鼠尾草,製作醃漬液。
2. 拍碎大蒜。馬鈴薯充分洗淨後連皮切成3cm的塊狀,預先燙煮備用。
3. 羔羊小排撒上鹽、胡椒,浸漬在**1**的醃漬液中,於室溫中放置1小時。
4. 取**3**上層清澄的油、百里香、鼠尾草和**2**的大蒜一起放入平底鍋中加熱,待煎炸至香脆時,取出香草。
5. 用中火加熱**4**的平底鍋,排放入**3**的羔羊小排,煎至出現煎烤色澤後翻面,邊澆淋油脂邊煎至呈現金黃色澤。
6. 用奶油將**2**的馬鈴薯煎至呈金黃色,撒上鹽。
7. 將**5**的羔羊小排和**6**的馬鈴薯盛盤,擺放上**4**取出的香草。

# 略略奢華的漬水果

藉由醃漬，使新鮮水果更容易搭配料理。
成熟前的葡萄柚等，很難直接食用的水果，也能變得美味誘人。

雙色的葡萄柚，黃與粉紅，
讓菜餚看起來更豐盛。

材料（4人分）

- 葡萄柚···1個
- 粉紅葡萄柚···1個
- 薄荷···適量
- 醃漬液
  - 橙皮果醬···2大匙
  - 鹽···少許

製作方法

1. 橙皮果醬和鹽混拌，製作醃漬液。
2. 切去葡萄柚的外皮與白色薄膜，切成6mm厚的圓切片。
3. 使**2**沾裹上醃漬液，撒上薄荷。

橙皮果醬是熬煮柑橘類的表皮製成，所以帶著苦味和具深度的風味。

## 葡萄柚皮果醬

材料（4人分）

- 葡萄柚···1個
- 砂糖···60g
- 水···適量

製作方法

1. 切開葡萄柚的果肉與果皮。削除果皮上的白色薄膜，用大量的水煮開除去苦味，再切成薄片。浸泡於水中10分鐘。
2. 瀝乾**1**的果皮水份，加入除去薄膜的果肉、砂糖、果皮與果汁，加入足以淹蓋材料的水份，用鍋子煮20分鐘。

FRUITS 01

# 橙皮果醬漬葡萄柚

醃漬：20分鐘 ｜ 保存：冷藏3天

僅僅將柚皮果醬沾裹葡萄柚這麼簡單。
自製的柚皮果醬會更加美味！

FRUITS 02

# 巴薩米可醋漬草莓

醃漬：120分鐘 ｜ 保存：冷藏3天

草莓的酸味與醃漬液的甜，是很容易上癮的醋漬甜點。無論再多都吃得下的美味程度。

材料（4人分）

草莓‧‧‧12個

醃漬液

巴薩米可醋‧‧‧2大匙
砂糖‧‧‧1大匙
肉桂棒‧‧‧1/2根

製作方法

1 在鍋中放入巴薩米可醋、砂糖、肉桂棒，熬煮成半量，降溫，製作醃漬液。

2 草莓除去蒂頭，對半切開，浸漬在**1**中。

FRUITS 03

# 蜜漬哈密瓜

醃漬：30分鐘 ｜ 保存：冷藏3天

因醃漬液鹹味明顯，更烘托出哈密瓜的甜。也很適合搭配白葡萄酒。

材料（4人分）

哈密瓜‧‧‧1/2個

醃漬液

蜂蜜‧‧‧2大匙
蜜思緹葡萄利口酒（MISTIA）※‧‧‧1大匙
鹽‧‧‧少許
小茴香籽（fennel seed）‧‧‧少許

製作方法

1 混拌蜂蜜、蜜思緹葡萄利口酒、鹽、小茴香籽，製作醃漬液。

2 哈密瓜切成1cm厚，浸漬在**1**中。

※蜜思緹葡萄利口酒是麝香葡萄的利口酒，若無也可用白葡萄酒替代。

FRUITS 04

# 酒漬無花果和堅果

醃漬：60分鐘 | 保存：冷藏1週

浸漬了深濃紅葡萄酒的無花果，與香氣十足的堅果，是這道醃漬點心的特色。

材料（4人分）

半乾燥無花果···4個
烘烤原味綜合堅果···15g

醃漬液
砂糖···40g
紅葡萄酒···120ml
水···60ml

製作方法

1 在鍋中放入砂糖、紅葡萄酒、水、綜合堅果，煮約5分鐘，製作醃漬液。

2 半乾燥無花果切去堅硬的果蒂，縱向對切。

3 趁熱將無花果浸漬在1中。

FRUITS 05

# 漬葡萄

醃漬：30分鐘 | 保存：冷藏2天

添加黑醋栗利口酒，有著強烈甜味的醃漬液，賦予了水嫩葡萄更深層的濃郁風味。

材料（4人分）

葡萄（Delaware等無籽品種）···200g

醃漬液
黑醋栗利口酒···2大匙
橄欖油···2小匙

製作方法

1 混拌利口酒和橄欖油，製作醃漬液。

2 除去葡萄蒂的部分，浸漬在1中。

# 主要材料索引

## 魚貝類



## 菇類



## 豆類



## 雞蛋・乳製品



## 穀物



## 水果

# Joy Cooking

「鹽油酸香法則」

黃金比例醃漬液，醃‧漬‧泡‧拌‧淋...，適合常備加菜帶便當80道！

作者　川上文代

翻譯　胡家齊

出版者 / 出版菊文化事業有限公司　P.C. Publishing Co.

發行人　趙天德

總編輯　車東蔚

文案編輯　編輯部

美術編輯　R.C. Work Shop

台北市雨聲街77號1樓

TEL：（02）2838-7996　FAX：（02）2836-0028

法律顧問　劉陽明律師 名陽法律事務所

初版日期　2020年5月

定價　新台幣 340元

ISBN-13：9789866210716　　書　號　J138

讀者專線　(02)2836-0069

www.ecook.com.tw

E-mail　service@ecook.com.tw

劃撥帳號　19260956 大境文化事業有限公司

請連結至以下表單填寫讀者回函，將不定期的收到優惠通知。

「鹽油酸香法則」黃金比例醃漬液，醃‧漬‧泡‧拌‧淋...，適合常備加菜帶便當80道！

川上文代 著　初版. 臺北市：出版菊文化

2020　96面；19×26公分

（Joy Cooking系列；138）

ISBN-13：9789866210716

1.食譜　2.調味品

427.1　　109004838

撮影　よねくらりょう

造型　木村遥

料理助手　阿部和枝、青野晃子、赤塚奈緒美、野口佳織、道下欣子

設計　竹中もも子（スタジオダンク）

編集　櫻田浩子、宮澤真梨（スタジオダンク）